Andreas Buhr
Vertrieb geht heute anders

Andreas Buhr

Vertrieb geht heute anders

Wie Sie den Kunden 3.0 ®
begeistern

6., überarbeitete und aktualisierte Auflage

Bibliografische Information der Deutschen Nationalbibliothek

Die Deutsche Nationalbibliothek verzeichnet diese Publikation
in der Deutschen Nationalbibliografie; detaillierte bibliografische
Informationen sind im Internet über http://dnb.d-nb.de abrufbar.

ISBN 978-3-86936-230-4

VertriebsIntelligenz® und Kunde 3.0® sind eingetragene Marken.
Verwendete Bezeichnungen und Titel, die einem marken- und urheberrechtlichen
Schutz unterliegen, werden hier nur zu informatorischen Zwecken genannt.

Lektorat: Susanne von Ahn, Hasloh
Redaktionelle Unterstützung: text-ur agentur Dr. Gierke | www.text-ur.de
Umschlaggestaltung: Martin Zech Design, Bremen | www.martinzech.de
Satz und Layout: Das Herstellungsbüro, Hamburg | www.buch-herstellungsbuero.de
Druck und Bindung: Salzland Druck, Staßfurt

© 2011 GABAL Verlag, Offenbach
6., überarbeitete und aktualisierte Auflage 2014

www.gabal-verlag.de
www.twitter.com/gabalbuecher
www.facebook.com/Gabalbuecher

Inhaltsverzeichnis

Vorwort von Prof. Dr. Dr. h.c. Hermann Simon   9

Auf ein Wort mit dem Autor   13

Einführung: Vertrieb geht heute anders …
… weil der Kunde von gestern verschwindet. Sind *Sie* dem Kunden 3.0
gewachsen?   15

1. Vertrieb geht heute anders …
   … weil Kunden sich nicht kaufen lassen:
   Selbstverwirklichung statt Schnäppchenjagd   23

   Das Internet fördert eine kritische Haltung   24
   Der Kunde 3.0 – das unbekannte Wesen?   28
   Der neue Vertrieb: Hommage an den Kunden 3.0   42
   Schnelle Abkehr von falschen Freunden   47

2. Vertrieb geht heute anders …
   … weil der smarte Kunde 3.0 smarte Produktideen will,
   die er nach seinen Vorstellungen konfiguriert,
   um sich Wünsche zu erfüllen   51

   Customer Energy für Produkt(weiter)entwicklung   56
   Vom Konsumenten zum Produzenten – und
   retour   64
   Werden Sie zur First Choice   67
   Unterschätztes Know-how: der Vertrieb   72

3. Vertrieb geht heute anders …
… weil Vertrieb immer und überall stattfindet:
In der Welt 3.0 gibt es keine vertriebsfreie Zone mehr –
Vertrieb 24 / 7   81

Chance für den Vertrieb: Check-in-Dienste für Marktforschung
und Kundenbindung nutzen   84

Smartphone sei Dank: Neue Vertriebschancen mit Augmented
Reality   88

Apps: Kleine Programme für größeren Konsum   95

Vertrieb in Social Networks   98

Dialog 3.0: Herausforderung für Unternehmen und
Vertrieb   107

Vertriebsintelligenz: Der Mix macht es!   112

4. Vertrieb geht heute anders …
… weil Kunden eben nicht nur von Siegern kaufen:
Kunden kaufen von Sympathen mit Kompetenz   116

Respekt – Grundlage des Vertriebs   117

Was einen guten Vertriebsmitarbeiter ausmacht –
die Perspektive des Kunden   120

Persönlichkeitstypologien als unterstützendes Instrument
nutzen   123

Wissen konkret anwenden   130

Alle Sinne ansprechen   135

Kein Widerspruch: Kundenorientierung und abschlussorientiertes Verhalten   146

5. Vertrieb geht heute anders …
… weil Vertrieb viel schneller auf Megatrends reagieren muss:
der neue RoI – Risk of Ignoring   152

Megatrends – Blick in die Zukunft   153

Neue Zielgruppen für Unternehmen   159

Megatrends für Produkte und Vertrieb   164

Der neue RoI: Wer Trends ignoriert, verliert!   176

6. Vertrieb geht heute anders …
   … weil nur Überzeugungstäter andere überzeugen:
   Kunden werden Botschafter und machen Unternehmen
   zu Umsatzmaschinen – wenn es sich für sie lohnt   184

   Kunden und Mitarbeiter zu Fans machen   186

   Vertriebsintelligent planen und handeln   196

   Unzufriedenheit als Chance zur Begeisterung nutzen   208

7. Vertrieb geht heute anders …
   … und morgen?   218

   Mögliche Trends mit »Vertriebsauswirkung«   221

   Keine Zukunft ohne Nutzwert   225

   Die Zukunft: Casual Web   227

   Vertrieb 4.0: Retro-Kultur des persönlichen Gesprächs   231

Keynote an die Leser – von Brian Tracy   239

Verzeichnis der verwendeten und weiterführenden Literatur   243

*Von Herzen danken möchte ich hier ausdrücklich denen,
die mich unterstützt, getragen und ertragen haben;
besonders Heike Steinmetz, Dr. Christiane Gierke,
Susanne von Ahn, allen, die bei der Buhr & Team Akademie
für Führung und Vertrieb tatkräftig mitanpacken,
meiner Familie, Professor Marco Schmäh und seinem
Rechercheteam an der ESB Business School Reutlingen.*

Vorwort von Prof. Dr. Dr. h.c. Hermann Simon

Der Vertrieb ist so alt wie die Menschheit. Verkäufer, Reisende, Vertreter gibt es, seit die ersten Menschen Waren erzeugten, die sie nicht selbst verbrauchten, sondern mit anderen tauschten. Man kann wohl auch sagen, dass sich über Jahrtausende am Vertrieb wenig änderte. Entweder kam der Kunde zum Verkäufer, der einen Laden, eine Werkstatt, ein Kontor betrieb – man denke beispielsweise an einen orientalischen Basar –, oder der Verkäufer kam über Land zum Kunden und bot vor Ort seine Waren an. Zentrale Elemente von Vertrieb und Verkauf waren die persönliche Präsenz und Kommunikation. Mit dem Entstehen der Post im 16. Jahrhundert dürfte es in sehr eingeschränktem Maße auch Vertrieb per Brief oder Postsendung gegeben haben.

Die wirkliche Revolution des Vertriebs setzt gerade erst ein. Wie lässt sich diese kühne Behauptung begründen? Das Telefon gibt es zwar seit mehr als hundert Jahren, das Fax seit etwa drei Jahrzehnten. Doch in der Nutzung der Informations- und Kommunikationstechnologie für Vertrieb und Marketing stehen wir erst ganz am Anfang. Die Auswirkungen des Internets auf diese Bereiche machen heute vielleicht 10 Prozent dessen aus, was kommen wird. Allein das sogenannte Suchmaschinen-Marketing ist mittlerweile zu einer regelrechten Wissenschaft geworden. Von den aussagekräftigen Daten, die das Internet heute liefert, konnten Vertriebler früherer Generationen nur träumen. Die zielführende Interpretation dieser Daten bildet eine große Herausforderung und gleichzeitig eine riesige Chance. Die totale Verfügbarkeit der richtigen Informationen zu jeder Zeit und an jedem Ort versetzt Vertriebler in die Lage, ihren Kunden schneller bessere, relevantere Informationen zu bieten. Wer hier besser ist als seine Konkurrenten, wird einen entscheidenden Wettbewerbsvorteil besitzen. Mit Blick auf die sozialen Netzwerke besteht die Zukunft von Vertrieb und Marketing in einer möglichst optimalen Verlinkung. Die Wege zu einem Angebot führen oft über Zwischenstationen und -personen. In der Studie »VertriebsIntelligenz®« von Professor Schmäh von der ESB Business School Reutlingen, die diesem Buch unter anderem zugrunde liegt, gelten Empfehlungen von Kunden als das stärkste Verkaufsargument überhaupt. Je stärker ein Kunde mit anderen Kunden oder Meinungsführern, und zwar mit den richtigen, verlinkt ist, desto größer sind die Chancen, dass ein Interessent ein Produkt oder eine Dienstleistung kauft. Eine Schlüsselrolle spielen hierbei personen- und verhaltensbezogene Daten, wobei der Vertrieb zunehmend an Grenzen stößt, die durch Persönlichkeits- und Datenschutzrechte definiert werden – ein Thema, das immer wichtiger wird. Das Vertrauen der Nutzer, dass ihre Daten nicht missbraucht werden, bleibt in diesem Kontext ein heikles Gut, das auf keinen Fall verspielt werden darf.

Das ist die neue Seite von Vertrieb: die technologische Revolution und ihre heute nicht absehbaren Auswirkungen. Diese Seite – und das ist das Erstaunliche – mindert aber keineswegs die Bedeutung traditioneller Werte im Vertrieb. Ich spreche hier ausdrücklich von »Werten«. Denn Vertrieb beinhaltet immer die Interaktion zwischen Menschen, egal ob mit oder ohne zwischengeschaltete oder unterstützende Medien. Und auch hier liefert die Studie der ESB Business School Reutlingen bestätigende Resultate. Fähigkeiten im Umgang mit Menschen, Vertrauen, Zuverlässigkeit und Nachhaltigkeit sind die Eigenschaften, auf die es im Vertrieb ankommt und die den langfristig erfolgreichen Verkäufer auszeichnen. Es sind eben nicht Schläue, Schau und faule Verkaufstricks, sondern Ehrlichkeit und echte Leistung für den Kunden, die zählen.

So kann man in der Tat sagen, dass Vertrieb heute anders geht als früher – aber gleichzeitig gilt auch das Gegenteil. Vertrieb muss die alten Tugenden bewahren und ständig an ihrer Verbesserung arbeiten. Und gleichzeitig muss Vertrieb die ungeheuren Möglichkeiten der neuen Technologien in den Verkaufs- und Interaktionsprozess mit dem Kunden integrieren. Das ist eine außerordentlich herausfordernde Aufgabe, denn zwischen beidem gibt es erhebliche Konfliktpotenziale. Das lässt sich an einem einfachen Beispiel eindrücklich illustrieren: Schaut der Verkäufer dem Kunden in die Augen oder auf den Bildschirm seines Computers? Hierauf gibt es natürlich keine standardisierte Antwort. Und genauso wenig ist allgemein definierbar, wie Emotionen und rationale Informationen in den Vertriebsprozessen der Zukunft koexistieren. Eines steht fest: Vertrieb bleibt spannend. Das belegt nicht zuletzt das vorliegende Buch von Andreas Buhr.

San Francisco, im März 2011

Prof. Dr. Dr. h.c. Hermann Simon

Auf ein Wort mit dem Autor

»Wenn Kunden die Zukunft vor Ihnen erreichen,
sitzen Sie in der hintersten Reihe!«
FAITH POPCORN

Ich sitze in einer Hütte. Und das ist schon geschmeichelt. Die Hütte soll ein Hotel sein – hier, wo 3800 Höhenmeter nicht viel sind. Das ist eben Hotelstandard in Gulmarg. Aber es ist in Ordnung, denn ich bin am Rande des Himalaya. Der Ausblick auf den Nanga Parbat ist unfassbar! Schön! Erhaben!

Ich schaue vor mir auf die Inhaltsangabe, den roten Faden, die Idee für mein neues Buch. Jetzt kann es losgehen mit dem Schreiben. Und es geht los ... und wie! Ich denke zurück an meine ersten Erfahrungen im Vertrieb. An mein erstes Verkaufsgespräch, meinen ersten Kunden in der Nähe von Bremen. Das war vor 30 Jahren. Ich war beseelt von meiner Idee, begeistert und beflügelt. Mein erster Kunde. Er vertraute mir, kaufte und profitierte.

Vertrauen war und ist noch heute die Basis für Geschäfte, denke und schreibe ich. Menschen machen mit Menschen Geschäfte für Menschen. Das war schon früher so. Und so ist es heute.

Und dennoch: Es hat sich viel verändert. Vertrieb geht heute anders! Und wie?!

Das Skiteam um mich herum bloggt und twittert. Im Himalaya. Der Skiführer Chris stellt die Filme des Tages bei YouTube ein. In der Blechhütte gegenüber sitzen zwei alte Einheimische mit langen Kutten gegen die klirrende Kälte vor dem Lagerfeuer, sind über WiFi im Netz und spielen auf dem MACBook. Selbst hier hat sich viel verändert, die Menschen sind »on« und »in« – hier am Ende der Welt, in Grenznähe zu China, nicht weit weg von Afghanistan.

Verkäufer verändern, sehen Dinge, die andere noch nicht sehen, sind beseelt von dem, was sie tun, sind verliebt in das Gelingen, schreibe ich auf. So habe ich das auch meinen Söhnen erklärt, als sie mich gefragt haben.

Und all das wünsche ich Ihnen, liebe Leserinnen und Leser, bei dem, was Sie tun. Heute und morgen!

Vertrieb findet heute immer und überall statt und: Vertrieb geht heute anders!

Ihr Andreas Buhr

a.buhr@buhr-team.com
www.facebook.com/Andreas.Buhr.Speaker

Vertrieb geht heute anders ...

... weil der Kunde von gestern verschwindet.
Sind *Sie* dem Kunden 3.0 gewachsen?

Google hat mit 24 Prozent Wachstum beim Umsatz und 30 Prozent beim Gewinn nicht erst 2010 gezeigt, wie sich mit innovativen Ideen das Geschäft ankurbeln lässt. Die E-Plus-Gruppe schloss das Jahr 2010 mit einem Rekordergebnis ab. Einer der Umsatztreiber waren Smartphones und Datendienste, die über alle Marken hinweg stark nachgefragt wurden. Die Sonova-Gruppe, einer der größter Hersteller von Hörgeräten weltweit und Marktführer in der drahtlosen Kommunikation für audiologische Anwendungen, steigerte ihren Umsatz in den ersten sechs Monaten des Geschäftsjahres 2010/2011 um über 17 Prozent. Das Besondere daran: Gut 80 Prozent des Umsatzes wurden mit Produkten erzielt, die innerhalb der letzten zwei Jahre lanciert wurden. Allied Vision Technologies (ATV), Hersteller von Digitalkameras für Bildverarbeitung, erreichte 2010 ein Umsatzwachstum von 58 Prozent. Begründet wird dieser Erfolg unter anderem mit neuen Produkten, der Konjunktur in Asien und der Erschließung neuer, nichtindustrieller Anwendungsgebiete für digitale Bildverarbeitung. Neben der medizinischen Bildgebung – einem Segment, in dem das Unternehmen traditionell stark vertreten ist – hat ATV den Markt für intelligente Verkehrsleit- und -überwachungssysteme stark ausgebaut und knapp 20 Prozent mehr Mitarbeiter eingestellt.

Umsatzrekorde in schwierigen Zeiten

Vier Unternehmen aus vier unterschiedlichen Branchen – und eine Gemeinsamkeit: In einer wirtschaftlich mehr als angespannten Zeit sind sie gewachsen, haben mehr Umsatz generiert. Was haben diese Unternehmen und all die anderen, die ihren Umsatz und ihren Gewinn erfolgreich steigern konnten, anders gemacht als diejenigen, die Insolvenz anmelden mussten? Anders als Märklin, Schiesser oder Hertie? Die Antwort klingt einfach: Sie haben sich an den Bedürfnissen ihrer Kunden orientiert. Sie sind neue Wege gegangen. Haben neue Produkte entwickelt, in neue Märkte und Vertriebswege investiert. Sie haben erkannt, dass sich Gesellschaft und Wirtschaft gewandelt haben. Und sie sind diesem Wandel gerecht geworden.

Willkommen in der Social Economy

Was hat sich in den letzten Jahren geändert? Warum verschwinden die Dinosaurier der Wirtschaft vom Markt? Dank zahlreicher technischer Möglichkeiten, dank eines veränderten Verbraucherbewusstseins leben wir heute in einer Social Economy. Darin nimmt der Kunde einen aktiven Part ein. Er beteiligt sich am Serviceprozess oder am Produktgestaltungsprozess, ermöglicht höhere Effektivität und damit Effizienz. Der Kunde als wichtiger Bestandteil des Innovationsprozesses – das war früher undenkbar. Heute fordert er als solcher mehr Aufmerksamkeit, mehr Wertschätzung.

Der Kunde wartet nicht länger Mit der Social Economy hat eine neue Ära begonnen. Vorbei ist die Zeit, in der Kunden sich gedulden mussten, Wochen, manchmal Monate darauf gewartet haben, dass ihr Pkw, ihre Küche, ihr Sofa lieferbar ist. In der sie Kompromisse eingegangen sind, weil bestimmte Produkte eben nur in dieser Form oder dieser Farbe erhältlich waren. In der sie sich – beinahe brav – danach richteten, wann der Verkäufer für sie Zeit hat. Der Kunde als König? Regiert haben lange eher Produktentwicklung und Vertrieb. Abseits jeder klassischen Zielgruppendefinition, die sich in Grenzen von Alter, Einkommen oder Bildungsniveau bewegt, hat sich ein neuer Kundentyp entwickelt, selbstbewusst und präsent: Der Kunde 3.0 geduldet sich nicht. Er fordert. Er reagiert nicht. Er agiert. Und wenn der Vertrieb nicht aufpasst, hechelt er dem Kunden in naher Zukunft hinterher. Das Dumme daran: Der Kunde wird nicht auf ihn warten.

Mehr als nur neue Vertriebswege

Natürlich hat der Vertrieb in den letzten Jahren nicht nur geschlafen. Neue Vertriebswege wurden entwickelt, neue Serviceangebote aus dem Boden gestampft. Kaum ein Buchhändler, kaum ein Friseur, der heute keine Website hat. Nur – die allein reicht nicht. Haben Sie schon einmal versucht, ein Buch bei Ihrer Buchhandlung »um die Ecke« zu bestellen? Oder einen Friseurtermin über das dafür eingerichtete Kontaktformular zu vereinbaren? »Unsere Website? Ja, da schauen wir kaum rein.« So oder ähnlich lauten die Antworten, wenn der verdutzte Kunde ohne Termin im Salon steht.

Aber nicht nur der kleine Händler hat den Anschluss verpasst. Große Online-Shops, Immobilienanbieter oder auch der stationäre Handel – sie alle verharren offenbar in verkrusteten Strukturen, darauf wartend, dass der Kunde sich zurückbesinnt. Davon zeugt zumindest das Projekt »Mystery Shopping« von Studierenden der Hochschule Jade: Aus den Immobilienanzeigen in drei norddeutschen Tageszeitungen wurden gezielt 89 Inserenten kontaktiert. Am Tag der Anzeigenschaltung, einem Samstag, klingelte bei ihnen zwischen 9 und 13 Uhr das Telefon. Erreichbar waren nur 39. Und dies auch nur bedingt: Bei mehr als der Hälfte nahm der Anrufbeantworter das Gespräch entgegen. Potenzielle Mieter, die sich

Oft scheint der Kunde im Weg zu stehen

auf einen Rückruf gefreut hatten, wurden enttäuscht. Nicht einmal ein Drittel der Anbieter rief am nächsten Werktag zurück. Bei zwei Dritteln blieb auch nach drei Werktagen der Rückruf aus. Nur in 19 Fällen – also in weniger als 50 Prozent der Kontakte – wurde der Interessent zu einer Besichtigung der Immobilie oder einem persönlichen Gespräch eingeladen. Kundenorientierung? Wofür? – Noch scheinen potenzielle Mieter Schlange zu stehen.

Auf Desinteresse stieß auch ein (fiktives) IT-Unternehmen auf der Suche nach Netzwerkdruckern und NAS-Servern: Von 40 Online-Shops reagierten innerhalb von drei Tagen nur 22 auf die Anfrage des potenziellen Käufers, in der bestimmte technische Probleme angesprochen wurden. Auch hier scheint Reichtum das Arbeiten zu verbieten. Wer bei so viel Desinteresse lieber den stationären Handel aufsucht, wird ebenfalls enttäuscht – so die Erfahrung von sechs potenziellen Kunden, die insgesamt 30 Autohäuser besucht haben. Zwei Drittel von ihnen wurden in den Geschäftsräumen schlicht ignoriert. Der Kunde – ein unsichtbares Wesen?

Wie viele dieser Kunden werden sich wohl ein zweites Mal auf den Weg machen, um sich vor Ort über einen Neuwagen zu informieren? Wie viele potenzielle Mieter werden sich ein zweites Mal an Immobilienanbieter wenden, die scheinbar so viel Umsatz machen, dass sie keine Kunden mehr brauchen? Und welcher Bücherwurm ist bereit, dem kleinen Buchhändler eine weitere Chance einzuräumen, wenn Amazon doch zuverlässig liefert?

Es geht um die Zukunft des Vertriebs Die Bandbreite der Beispiele zeigt: Es geht nicht um eine Branche. Es geht auch nicht um 20-, 30- oder 40-jährige Kunden. Nicht um Autofans, Unternehmensgründer oder Freizeitjunkies. Der Kunde 3.0 lässt sich nicht auf Alter, Einkommen oder Interessen reduzieren. Er gehört nicht automatisch der Generation der Digital Natives an. Er erwartet Kundenorientierung auch, aber nicht nur im Internet. Und deshalb geht es in diesem Buch auch nicht um eine neue Zielgruppenbeschreibung – es geht um die Zukunft des Vertriebs.

Das Ende einer Ära?

Hat der Vertrieb denn eine Zukunft? Und wenn ja: Wie lässt sich diese Zukunft gestalten? Welche Aufgaben und Herausforderungen erwarten den Vertrieb von heute? Kann Vertrieb heute überhaupt erfolgreich sein? Diesen Fragen sind wir gezielt nachgegangen. Auch weil es neben den zahlreichen Fällen von kränkelnden, erfolglosen Unternehmen viele andere Beispiele gibt – von Unternehmen, die trotz Krise erfolgreich sind. Die neue Mitarbeiter einstellen, die über Fachkräftemangel klagen, die neue Produkte entwickeln und auf den Markt bringen. Die mit ihrem Angebot den Zeitgeist treffen.

Was machen diese Unternehmen anders? Setzen sie weiterhin auf den klassischen Vertrieb? Oder haben sie neue Erfolgsrezepte der Kundenansprache? Gemeinsam mit der ESB Business School Reutlingen haben wir das Forschungsprojekt VertriebsIntelligenz® durchgeführt, um Antworten auf diese Fragen zu erhalten.

Das Forschungsprojekt VertriebsIntelligenz®

Was verbirgt sich hinter dem Begriff Vertriebsintelligenz? Er meint ein ganzheitliches, wertebewusstes Kompetenzmodell für Unternehmen. Es umfasst die vier Kompetenzfelder *Marktstrategie*, *Vertriebsvermögen*, ©*lean leadership* und *Gestalterkraft*. Hinter jedem der vier Felder verbirgt sich eine Kompetenzmatrix mit einem aufgeschlüsselten Set an Einzelkompetenzen.

Wir wollten wissen, wie sich diese Kompetenzfelder und die damit verbundenen Einzelkompetenzen auf den Unternehmenserfolg auswirken. Dazu haben wir rund 250 Führungskräfte und Geschäftsführer aus unterschiedlichen Branchen befragt. Sie wissen, dass nicht die tollen Produkte oder die bunte Werbung Geld in die Kassen bringen, sondern nur der Kunde. Dementsprechend sensibilisiert sind sie für die Kompetenz ihrer Vertriebsmitarbeiter und die Erwartungen ihrer Kunden. Von ihnen wollten wir wissen, was einen erfolgreichen Verkäufer ausmacht. Wie muss er »gestrickt« sein, um das Vertrauen der Kunden zu gewinnen? Welche Eigenschaften muss er haben, um eine »Umsatz-Maschine« im positiven Sinn zu werden? Wie kann er dazu beitragen, dass ein Unternehmen zur »Kunden-Maschine« wird? Und wie geht er mit dem neuen Kunden – dem Kunden 3.0 – um?

Diese Fragen lassen sich nicht leicht beantworten, weil es eben nicht die eine Antwort, das eine Patentrezept gibt. Weil nicht eine bestimmte Kompetenz für einen erfolgreichen Vertrieb ausreicht. Vielmehr sind zahlreiche Einzelaspekte für den Erfolg eines Unternehmens verantwortlich. Deshalb haben wir genauer hingeschaut. Unsere Fragen decken die vier genannten Kompetenzfelder Marktstrategie, Vertriebsvermögen, ©lean leadership und Gestalterkraft ab. Konkret wollten wir Angaben zu folgenden Themenkomplexen erhalten:

1. *Marktstrategie:* Wie positionieren Sie Ihr Unternehmen am Markt?
2. *Vertriebsvermögen:* Auf welche Weise nutzen Sie vorhandenes Vertriebswissen optimal für Ihren Erfolg?
3. ©*lean leadership:* Wie leben und setzen Sie Führung in die Praxis um?
4. *Gestalterkraft:* Mit welcher Motivation und Einstellung handeln Sie zielorientiert?

Unsere Fragen drehten sich unter anderem darum, wie neue Kunden akquiriert und Bestandskunden gehalten werden können. Welche Faktoren tragen maßgeblich zum Erfolg des Unternehmens bei? Sind Werte wie Zuverlässigkeit, Vertriebsintelligenz und Nachhaltigkeit wichtig für den langfristigen unternehmerischen Erfolg? Wir wollten es sehr genau wissen. Deshalb wurde jede Frage in Detailfragen gesplittet. Kenntnisse eines erfolgreichen Verkäufers, seine Charaktereigenschaften, das strategische Vorgehen – all das wurde untersucht und ausgewertet. Ein wichtiges Ergebnis: Nicht nur die Kunden, auch die Unternehmen selbst definieren Vertrieb heute anders.

Was Sie von diesem Buch erwarten dürfen

Ausgehend von den bisher unveröffentlichten Ergebnissen des Forschungsprojekts VertriebsIntelligenz® erfahren Sie in diesem Buch, vor welchen neuen Herausforderungen der Vertrieb heute steht. Welche Qualifikationen und welche Eigenschaften braucht ein erfolgreicher Verkäufer? Welche Vertriebsphilosophie muss im Unternehmen verankert sein, um den Verkäufer entsprechend zu fördern und zu fordern? Welche Rolle spielt der Kunde 3.0? Welche Produkte und Dienstleistungen lassen sich überhaupt noch verkaufen? Und vor allem: Was bedeutet Kundenorientierung heute? Wie wird sie erfolgreich gestaltet? Auf diese und viele weitere Fragen geht dieses Buch ein – und dies nicht nur theoretisch, sondern darüber hinaus anhand von zahlreichen praktischen Beispielen.

Vor welchen Herausforderungen steht der Vertrieb?

Und auch das dürfen Sie erwarten: Einblicke in das neue Kundendenken, in ein werteorientiertes und Sinn suchendes Verbraucherverhalten und eine markt- sowie werteorientierte Unternehmensführung. Denn Vertrieb ist nur dann erfolgreich, wenn er all diese Aspekte berücksichtigt. Dass

Vertrieb erfolgreich sein kann, zeigt unter anderem das erste 24-Stunden-Webinar für den Vertrieb der Wirtschaftsweiterbildungsinitiative »Wir sind Umsatz« (www.wir-sind-umsatz. de), das am Deutschen Weiterbildungstag 2010 als Charity-Aktion auf Anhieb einige Tausend Teilnehmer begeistert hat.

Sind Sie fit für den Kunden 3.0?

Ob Sie Ihren Gewinn steigern oder Ihre Marke beerdigen müssen, hängt davon ab, ob und wie Sie Ihren Kunden, den Kunden 3.0, erreichen. Welche Fehler Sie vermeiden und welche neuen Vertriebswege Sie nutzen. Sechs Thesen führen durch dieses Buch. Sie sind das Ergebnis der Studie, die ich Ihnen auf den nächsten Seiten vorstellen werde. Die Kernaussage dieser Thesen lautet: *Vertrieb geht heute anders.*

Der neue Vertrieb ist so anspruchsvoll wie der neue Kunde Er findet im persönlichen Gespräch und über neue, digitale Kommunikationsformen statt. Es ist ein Mix aus Ansprache und Zuhören, aus Aktion und Reaktion, wie die Wirtschaft es bisher nicht kannte. Der Kunde 3.0 ist selbstbewusst geworden. Er hat sich von seiner traditionellen Rolle des Verbrauchers verabschiedet. Er fordert aktiv Produkte ein, gestaltet sie mit. Und er wendet sich von allen ab, die an alten Rollenschemen festhalten. Marken, die sich auf ihrem ehemaligen Erfolg ausruhen, Unternehmen, die darauf vertrauen, dass der Kunde alten Produkten gegenüber loyal ist, und Manager, die nach dem Motto »Das haben wir immer schon so gemacht« führen – sie alle werden zu Verlierern der Social Economy. Diejenigen unter uns, die die neue Wirtschaft als Chance sehen und die neuen Vertriebswege zu nutzen wissen, werden hingegen als Gewinner dastehen. So wie Google und E-Plus und viele andere Marken, denen Sie in diesem Buch begegnen werden.

VERTRIEB GEHT HEUTE ANDERS …

… weil Kunden sich nicht kaufen lassen: Selbstverwirklichung statt Schnäppchenjagd

> In diesem Kapitel lesen Sie, wie sich der Kunde 3.0 von den klassischen Zielgruppen unterscheidet, was ihn auszeichnet und worauf er beim Konsum achtet. Der Kunde 3.0 lässt sich nicht gern nur mit Rabatten kaufen – er verfolgt andere Interessen.

Haben Sie in den letzten Monaten einmal versucht, einem Geschäftspartner mit einem Super-Sonderangebot die Entscheidung zu erleichtern – und haben dann doch den kompletten Ausschreibungsprozess mitmachen müssen, bei dem Ihre Extras für die Fachabteilung keinen Wert, weil keine Relevanz mehr hatten? Wahrscheinlich wurden Sie höflich darauf hingewiesen, dass Freundschaft eben Freundschaft ist und Geschäft Geschäft. Punkt! Dass man sich gegenseitig keine Gefallen mehr tut und die Entscheidung für das eine oder andere Angebot lieber sachlich und fachlich begründen möchte als mit einer Aussage wie: »Machen wir doch seit Jahren so.«

Vitamin B genügt nicht mehr

Was ist passiert? Korruptionsskandale, Bestechungsaffären, Bevorzugung persönlicher Freunde bei der Auftragsvergabe – das alles hat die Rahmenbedingungen Ihrer Geschäfte verändert. Und dies nicht erst seit WikiLeaks und einigen Whistleblower-Plattformen. Die Menschen sind kritischer geworden, im privaten und im beruflichen Bereich, als Konsumenten und als Bürger.

Das Internet fördert eine kritische Haltung

Ein wichtiger Treiber dieser Entwicklung ist das Internet. Für unsere Eltern war Russland noch weit weg, Amerika ein Traum, Asien beinah unerreichbar. Heute sind 70 Prozent der Menschen online aktiv. Damit sind die Menschen auf anderen Kontinenten nur noch einen Mausklick entfernt. Wir holen sie zu uns nach Hause oder ins Büro – wenn auch nur virtuell. Und wir wissen mehr als die Generationen vor uns darüber, wie sie leben. Aber auch darüber, mit welchen Umweltbelastungen die Produktion von Textilien, Autos oder Computern verbunden ist. Wir erfahren es, wenn sich Arbeiter aufgrund ihrer schlechten Lebensbedingungen vom Dach stürzen – so geschehen bei Foxconn, der »chinesischen Bastelstube« für iPhone und iPad.

Das hat Folgen – für unser eigenes Konsumverhalten ebenso wie für Marketing und Vertrieb. Denn vor dem Hintergrund radikaler gesellschaftlicher und wirtschaftlicher Änderungen steigt in Deutschland und Europa die Angst vor der eigenen Zukunft. Vor Arbeitslosigkeit. Vor dem Karriere-Aus. Vor der Belanglosigkeit und davor, die (eigene) Welt nicht mehr aktiv mitgestalten zu können. Mit Unsicherheit schauen wir auf die Fabriken in China und Malaysia, hören von Übersee-Containern mit Textilien, die nur mit Atemmaske geöffnet werden dürfen.

»Geiz ist geil« hat vor diesem Hintergrund einen Schmuddel-Charakter bekommen. Geiz in Europa bedeutet Armut und Umweltverschmutzung in anderen Ländern und betrifft damit auch uns. Denn Giftwolken und Überschwemmungen machen nicht an Grenzen halt.

HINTERGRUND: Internetnutzung in Deutschland

Das Internet ist aus unserem privaten und beruflichen Alltag nicht mehr wegzudenken: 79 Prozent der Deutschen sind online. Vor allem die Zahl der Über-60-Jährigen wächst weiter: 45 Prozent – also fast jeder Zweite von ihnen – nutzt das Internet. Bei den 60- bis 69-Jährigen sind sogar 65 Prozent online. Damit erreicht das Internet in Deutschland eine neue Rekordmarke. Jeder Nutzer verbringt täglich durchschnittlich 166 Minuten im Netz – via Laptop, Smartphone, PC oder Tablet.

(Quelle: ARD/ZDF-Online-Studie 2014, www.ard-zdf-onlinestudie.de)

... und lässt Zielgruppendefinitionen verschwimmen

Als Folge dieses Wissens haben die Menschen in Europa angefangen, bewusster zu konsumieren. Insbesondere nach der Wirtschafts- und Finanzkrise der Jahre 2008/2009 kaufen sie weniger wahllos. Statt Quantität zählt zunehmend Qualität. Der alte Spruch »Was nix kostet, taugt auch nix« hat eine neue Bedeutung bekommen. Die meisten Menschen wissen, dass sie nur dann Qualität erwarten können, wenn sie dafür zahlen. Dass nur dann nachhaltiger Konsum möglich ist, wenn bereits zu Beginn der Produktionskette auf ökologische, ökonomische und gesellschaftspolitische Folgen geachtet wird. Produkte mit Bio-Siegel sind keine Modeerscheinung, sondern Ausdruck einer Überzeugung, und dies unabhängig von Alter, Einkommen oder Bildung – klassische Kriterien der Zielgruppenbestimmung. Die Grenzen zwischen Digital Natives, LOHAS, Best Agers und der neu entstehenden Generation 60/90 sind fließend. Gemeinsam ist ihnen der kritische Umgang mit dem Konsum und der Wille, ihre Welt aktiv zu gestalten.

HINTERGRUND: Alte und neue Zielgruppen – welche Menschen bestimmen unsere Gesellschaft?

Digital Natives: 250 000 E-Mails oder Kurznachrichten, über 10 000 Stunden Handynutzung, 5000 Stunden Videospiele und 3500 Stunden in sozialen Netzwerken – so schaut nach den Ergebnissen der Ericsson-Studie 2008 (siehe Literaturverzeichnis) die Bilanz eines typischen 21-Jährigen heute aus. Die sogenannten Digital Natives sind mit Internet & Co aufgewachsen. Und sie wollen die Medien nicht mehr missen: Rund 18,6 Stunden wöchentlich verbringen sie online, um zu bloggen, zu shoppen, digitale Medien zu lesen und sich via Social Media zu unterhalten.

LOHAS steht für »Lifestyle of Health and Sustainability«. Diese Zielgruppe entspricht nicht den typischen, als »Ökos« oder »Müslis« belächelten Alternativen, die wir von früher kennen. LOHAS achten auf weit mehr als Bio-Gemüse und Bio-Fleisch: Sie möchten ohne schlechtes Gewissen genießen. Sie reisen gerne um die Welt – aber bitte klimaneutral. Sie sind häufig gut ausgebildet und interessieren sich für alles bewusst. Sie haben Geld und lieben es, es auszugeben – allerdings mit einem guten Gefühl! Dies beinhaltet den Aspekt des eigenen Wohlbefindens und die Herstellung der Produkte. Durch kritische Auswahl möchten LOHAS nachhaltig auf Produktionsbedingungen oder die Schonung natürlicher Ressourcen Einfluss nehmen (www.zukunftwissen.org).

Best Agers, auch Generation 50+: Zu ihnen zählen etwa 33 Millionen Deutsche oder 40 Prozent der Bevölkerung. 2020 wird ihr Anteil bereits bei 47 Prozent liegen, Tendenz steigend. Damit gewinnt diese

Bevölkerungsgruppe zunehmend an Bedeutung für die Unternehmen, was sich bereits heute an der Marketingstrategie zahlreicher Firmen zeigt. Nicht nur Pharmakonzerne widmen der älteren Generation besondere Aufmerksamkeit. Da sie als kaufkräftig, konsumfreudig und qualitätsbewusst gelten, möchten auch andere Branchen diese Käufer für sich gewinnen (www.bestager.org).

60/90: Aufgrund der stetig wachsenden Lebenserwartung entsteht eine neue Generation, die Menschen zwischen 60 und 90. Statt wie die Generationen zuvor mit 60 Jahren passiv zu werden, starten diese Menschen noch einmal neu durch – mit neuen beruflichen Aufgaben, neuen Ansprüchen, neuen Partnern oder einem neuen Heim (Janszky: Vom Internet zum Outernet, 2010).

Das Besondere an diesen Zielgruppen sind ihre Überschneidungen beim kritischen und werteorientierten Konsum. Das haben Werbung und Marketing jetzt erkannt, wie die Studie »Gesellschaftliche Verantwortung von Werbungtreibenden« von W&V Online mit Brands & Values zeigt: »Nachhaltigkeit nützt der Marke – aber Werbetreibende haben auch eine Verantwortung!«

Schauen wir uns die oben genannten Zielgruppen an, wird auch klar: Wir reden mehr über Interessengruppen, die sich über klassische Grenzen hinaus nach ihren Gemeinsamkeiten und Aktivitäten zusammenfassen lassen. So gibt es beispielsweise keine homogene Zielgruppe der Best Ager. Auch den typischen »60/90er« wird es nicht geben. Natürlich: Die Oma mit Kittelschürze und grauem Dutt is gone with the wind, die gibt es fast nur noch im Weihnachtsfilm. Und doch wird auch unter den »neuen wilden Omas« nicht jede mit 70 Jahren noch einmal von vorn anfangen wollen. Aber sie wird sich tendenziell eher wie früher eine 40- oder 50-Jährige verhalten: Sie wird Neues lernen und mit der Zeit mitge-

Interessengruppen zählen mehr als Zielgruppen

hen. Kurz: »Oma« kann mit 70 oder 75 genauso gut zur Gruppe der Kunden 3.0 gehören wie ein Digital Native im Alter von 25 – oder ein Best Ager oder einer der LOHAS. Durch den selbstverständlichen Umgang mit dem Internet und den Netzwerken ändert sich aber noch mehr: Der Trend geht zum Gemeinschaftsgefühl, zur »Generation Wir«. Nachwuchskräfte lehnen Autoritäten und Hierarchien ab – sie arbeiten projektbezogen in Teams, teilen Informationen offen und beziehen andere mit ein: Solidarität und Kollektiv sind Begriffe, die ins Selbstverständnis der nachwachsenden Generation wieder viel stärker eindringen. Und das hat nicht nur Auswirkungen auf ihr Verhalten in der Business- und Arbeitswelt (»›Generation Wir‹ stellt die Führungsfrage«, Handelsblatt, 05.05.2011), sondern auch als Verbraucher, Käufer, kritischer Konsument.

Der Kunde 3.0 – das unbekannte Wesen?

Dies alles wirkt sich auch auf das Verbraucherverhalten der Kunden 3.0 aus. Anders als die oben vorgestellten Kundengruppen lässt sich der neue Kunde nämlich keiner Generation, keiner Gesellschaftsschicht oder politischen Einstellung zuordnen. Er steht für sich selbst und damit für seine individuellen Einstellungen, die er gemeinsam im Team von Freunden und Kollegen auslebt. Er ist informiert, individualistisch, investigativ, ich-bezogen, international, intuitiv und idealistisch. Und er ist zugleich auch »wir-bezogen«. Als Mensch und Verbraucher repräsentiert er seine Lebensphilosophie, die von seinen individuellen Werten geprägt ist. Umweltschutz, nachhaltige Produkte, faire Bezahlung von Arbeitskräften und das No-go für Kinderarbeit sind nur einige Beispiele. Und dies kombiniert er mit genauen Vorstellungen hinsichtlich Design, Nutzerführung von technischen Geräten und der gewünschten Qualität.

Beispiel Textilien: Anders als noch vor ein paar Jahren spielen hier nicht nur Schnitte und Stoffe eine große Rolle. Spätestens seit dem Bestseller »No Logo« von Naomi Klein achten immer mehr Verbraucher darauf, unter welchen Bedingungen T-Shirts, Hosen, Kleider oder Blusen hergestellt werden. Und sie verzichten auf Marken, die nicht ihren Wertvorstellungen entsprechen. Sie wollen – jedenfalls sofern die materielle Not sie nicht dazu zwingt – keine asiatischen Textilien, die in giftgefüllten Containern unsere Häfen erreichen.

Wer wo wie produziert – dies erfährt der kritische Kunde aus den Medien. Fernsehsendungen, Wirtschaftsmagazine und Blogs dienen als Informationsquelle. Dabei nimmt sich der Kunde 3.0 mehr Zeit, sich zu informieren, als Otto Normal in früheren Jahren. Kein Wunder, denn heute liegen die Fakten, das Hintergrundwissen nur einen Mausklick entfernt. Das Fahren von Anbieter zu Anbieter fällt damit ebenso häufig weg wie langwierige Beratungsgespräche für Alltagsprodukte. Gekauft wird dort, wo die Produkte angeboten werden – vor Ort oder über das Internet. Damit erweitert der Kunde nicht nur aktiv seine Auswahlmöglichkeiten, er übt auch Druck auf den stationären Handel aus. Denn anders als die Generationen zuvor ist er nicht mehr auf das Angebot vor Ort oder den Katalog angewiesen – er kann weltweit einkaufen. Maßgeschneiderte Hochzeitskleider aus China sind ebenso selbstverständlich wie das T-Shirt aus Leipzig oder die Fußmatte aus Langenzenn. Mit Rückgaberecht und Bezahlung per Mausklick. Nur: Ob der Kunde 3.0 dieses Angebot annimmt, hängt nicht mehr allein vom Preis ab, sondern vom Mehrwert des Produkts. Davon, ob und wie die Marke auf ihn zurückstrahlt, ebenso wie von der Einhaltung der eigenen Werte durch den Hersteller. Um dies zu gewährleisten, sucht der Kunde 3.0 aktiv nach Informationen. Und diese drehen sich nicht nur um das Produkt selbst, sondern auch um das Image des Unternehmens, das die Ware herstellt. Politisch korrekte Schokolade – unsere Großeltern hätten den

Hintergrund-Infos recherchieren: einfach wie nie

Kopf darüber geschüttelt. Der Kunde 3.0 gibt dafür bewusst mehr Geld aus. Klimaneutral versendete Bücher, produziert aus Holz aus nachhaltiger Waldwirtschaft? Auch dafür greift der moderne Kunde gern tiefer in die Tasche, und sei es nur, um ein Zeichen zu setzen.

HINTERGRUND: Ethischer Konsum – auch in Krisenzeiten

Wie wichtig sind die neuen alten Werte für den Kunden 3.0? Auskunft darüber gibt unter anderem die »Otto Group Trendstudie 2009: Die Zukunft des ethischen Konsums«. Die Ergebnisse der Befragung, die in Zeiten der Wirtschaftskrise 2008/2009 durchgeführt wurde:

- 90 Prozent der Befragten interessieren sich für das Thema »ethischer Konsum«.
- 82 Prozent gaben (während der Wirtschaftskrise 2009) genauso viel oder mehr Geld für ethischen Konsum aus wie vor der Wirtschaftskrise.
- 67 Prozent kaufen gelegentlich oder häufig ethische Produkte.
- 65 Prozent wollen zukünftig noch stärker ethisch konsumieren.
- 40 Prozent überzeugen ihr soziales Umfeld davon, ihr Konsumverhalten zu ändern.

Frauen sind Vorreiterinnen beim ethischen Konsum

Vorreiter in Sachen ethischer Konsum sind übrigens die Frauen, auch das ist ein Ergebnis der Otto Group Trendstudie 2009. Die Männer holen jedoch auf. Ihre Motivlage unterscheidet sich dabei von der der Frauen: Männer wollen sich mit dem ethischen Konsum etwas Gutes tun, weniger die Welt verbessern. Damit steht der Belohnungsmodus stärker im Vordergrund als bei weiblichen Kunden.

Investitionen in das gute Gewissen

Produkte werden eher gekauft, wenn Kunden damit etwas Gutes tun. Dies haben Forscher von der University of California, San Diego in La Jolla, belegt. Das Experiment: In einem Freizeitpark mit 113 000 Besuchern werden von einer automatischen Kamera Fotos von Fahrgästen der Achterbahn gemacht. Diese Bilder können die Besucher zum Preis von 12,95 Dollar kaufen. Das Interesse ist mau: Nur jeder zweihundertste Fahrgast greift zu. Die Forscher greifen in die Trickkiste: Von den 12,95 Dollar soll die Hälfte an eine gemeinnützige Organisation gehen. Schon steigt der Abverkauf. Jeder hundertsiebzigste Besucher zückt die Geldbörse. In der dritten Phase können die Gäste den Preis für ihr Foto selbst bestimmen. Der Erlös soll ganz im Freizeitpark bleiben. Jeder zwölfte Besucher nimmt sein Foto mit, allerdings zu einem weitaus geringeren Preis. Dieser Durchschnittspreis steigt sprunghaft, als die Betreiber ankündigen, die Hälfte des freiwilligen Preises zu spenden. Nun zahlen die Gäste durchschnittlich 5,33 Dollar statt zuvor 92 Cent. Jeder zwanzigste Besucher macht sich und anderen so eine Freude (Verzicht bringt Profit, www.sueddeutsche.de, 2010).

Was ist passiert? Die Kunden werden emotional angesprochen. Mit dem Foto können sie nicht nur ihre eigene Erinnerung an ein schönes Erlebnis »archivieren« – sie können ihr Glück zudem mit anderen teilen, indem sie etwas Gutes tun. Mit dem Kauf des Fotos belohnen sich die Parkgäste also gleich doppelt. Zudem fällt die Hemmschwelle »zu hoher Preis« durch die Möglichkeit, den Preis selbst zu bestimmen, weg. Beides wirkt verstärkend und steigert die Bereitschaft, Geld auszugeben. Parkgäste, denen es finanziell nicht so gut geht, verzichten auf den Kauf – sie wollen nicht als geizig dastehen. Jeder einzelne Besucher wägt so die für ihn relevanten Motive und Hemmschwellen ab und entscheidet sich entsprechend.

Gutes tun als Kaufmotiv

Endverbraucher beeinflussen das Verhalten von Unternehmen

Endverbraucher sind machtvoller denn je

Lange Zeit waren Privatkunden und Geschäftskunden aus Vertriebssicht Lichtjahre voneinander entfernt. Unternehmen entschieden vorgeblich nach klaren finanziellen Vorteilen über die Zusammenarbeit mit Dienstleistern und Geschäftspartnern. Gute persönliche Kontakte waren hilfreich, Einladungen, Präsente und vieles mehr selbstverständlich. Ausschreibungen wurden von der Fachabteilung gemeinsam mit dem Geschäftspartner formuliert. Und zwar so, dass ein anderer Anbieter keine Chance mehr hatte. Das alles ist passé. Denn zum einen taucht irgendwann in der Kette von Produktherstellung und Vertrieb der Privatkunde auf. Und der schaut hinter die Kulissen. Zum anderen rücken Privatleben und Businesswelt immer näher aneinander. Wir spüren die Auswirkungen der Wirtschaftskrise in unserem Freundeskreis. Die Angst vor Terror hat Deutschland ebenso erreicht wie das restliche Europa. Und wir wissen: Mit unserem Handeln gestalten wir die Welt mit. Wir beeinflussen die Produktions- und Lebensbedingungen in anderen Ländern und damit auch die Rahmenbedingungen, die den Terror für einige Menschen attraktiv erscheinen lassen. Aber auch die gesellschaftliche Realität in Deutschland wird von uns geprägt.

Viele Unternehmen haben dies schon lange erkannt und appellieren mit entsprechenden Aktionen an die Verbraucher. Sie bieten Produkte aus der Region an oder haben ihr Angebot um Produkte mit einem »Herz für Erzeuger« erweitert. Zahlt der Kunde 10 Cent mehr als für ein vergleichbares Produkt, bekommt der Produzent entsprechend mehr. Noch deutlicher wird dies im Business-Bereich: Unternehmen werden verstärkt von der Politik in Haftung genommen. Beispiel Logistik: Nicht der Zoll kontrolliert die Inhalte von Seecontainern und Päckchen, sondern diese Aufgabe wird auf den Transportdienstleister verlagert – und dabei wird auch die Verantwortung für die Sicherheit an den Dienstleister weitergegeben. Er muss dafür geradestehen, wenn explosive Päckchen auf die Reise gehen. Beispiel Export: Unternehmen, die Geschäftspartner in anderen Ländern haben, müssen vor jedem Export Güter und Empfänger mit Sanktionslisten abgleichen. Auch hier steht das Unternehmen dafür gerade, wenn Waren einen Empfänger erreichen, der auf einer dieser x-Listen zu finden ist.

Verantwortung zu übernehmen im Sinne der Political Correctness ist in vielen Unternehmensbereichen üblich geworden: Nach Skandalen haben sich immer mehr Firmen Wertekataloge und Compliance-Regeln zugelegt, haben sich dazu verpflichtet, nachhaltig zu wirtschaften. Zum einen bekennen sich diese Unternehmen zu einem fairen Verhalten gegenüber ihren Mitarbeitern, den Lieferanten und Geschäftspartnern sowie gegenüber der Gesellschaft. In ihren Selbstverpflichtungen steht, dass sie sich an die Gesetze halten, Bestechung nicht dulden und Kinderarbeit verabscheuen. Der andere Schwerpunkt liegt im ökologischen Bereich: Nachhaltig wirtschaftende Unternehmen belasten die Umwelt nicht stärker als nötig. Sie verpflichten sich dazu, entsprechende Gesetze einzuhalten, und geben sich darüber hinaus eigene Umweltschutzrichtlinien. Und sie wählen ihre Lieferanten und Dienstleister danach aus, ob auch sie sich an die gesetzlichen und unternehmenseigenen Regeln halten.

Compliance wird immer wichtiger

In vielen Unternehmen hat der Einkauf an Macht gewonnen. Er prüft die Angebote auf ihren Preis, aber auch auf die Compliance-Regeln. Er lässt sich bestätigen, dass alle gültigen Gesetze eingehalten werden. Und er führt unternehmensintern Befragungen zu den Geschäftspartnern, ihrem Verhalten und ihrer Zuverlässigkeit durch. So soll verhindert werden, dass Aufträge aus reiner Sympathie vergeben werden. Und dass persönliche Vorteile zu unvorteilhaften Beauftragungen führen.

Natürlich wird diese »neue Bewusstheit«, diese »neue Verantwortlichkeit« nicht ohne Eigennutz von den Unternehmen vorangetrieben. Denn die Art und Weise, wie ein Unternehmen agiert, entscheidet über sein Image – und damit in letzter Konsequenz über seinen Marktanteil. So haben 60 Prozent der Befragten der Otto Group Trend Studie 2009 angegeben, dass sie grüne, klimafreundliche und verantwortungsvoll handelnde Unternehmen als Gewinner der Wirtschaftskrise 2008 / 2009 sehen. Das sind Unternehmen, die Verantwortung als »Corporate Citizen«, als »verantwortungsvoller Bürger« übernehmen. Die ähnliche Wertvorstellungen vertreten und verfolgen wie der neue Kunde, der Kunde 3.0. Dabei geht es längst nicht mehr nur um das Produkt, sondern um das gesamte Unternehmen. Das Unternehmensimage muss im Einklang mit Produktversprechen und -eigenschaften stehen, damit die Produkte Erfolg haben können. Dies umso mehr, da Marken heute quasi den Status von Religionen einnehmen – jedenfalls einnehmen können. Marken als »Sinngeber« und »Sinnvermittler« sind heute mehr denn je gefragt, sie geben ihren Käufern, Anhängern, Fans Orientierungsrahmen, Selbstbewusstsein, Wohlfühlheimat. Wenn sie eben im Einklang mit deren Werten stehen.

Apple – geniales Marketing mit Emotionen

Viele Verbraucher können sich ein Leben ohne iPod, iPhone, iMac oder iPad nicht mehr vorstellen. Weshalb? Weil es nicht einfach ein MP3-Player, ein Computer oder ein Handy ist, worüber wir reden. Es sind feste Bestandteile im Leben der Besitzer. Es sind Identifikationsobjekte. Wer Apple hat, ist in. Mit diesem Erfolg steigt auch der Wert des Unternehmens. Dies belegt eine Studie des Beratungsunternehmens Vivaldi Partners, nach der Apple unter allen untersuchten Marken die größte Fangemeinde und den höchsten sozialen Markenwert hat (Handelsblatt: Apple hat die stärkste Fangemeinde, 2009). Und noch etwas belegt den Erfolg: Seit seinem Wiedereinstieg 1996 hat Steve Jobs den Unternehmenswert bis heute um das 150-Fache gesteigert. Welchen Wert Apple ohne ihn hat, wird sich noch zeigen müssen.

Was macht Apple anders als Dell, Samsung oder Sony und vor allem Nokia? Es appelliert durchgehend an die Emotionen. Niemand kauft sich ein iPhone, um nur damit zu telefonieren. Das iPhone ist Lebensgefühl: Adressbuch, Terminkalender, Mail-Account, Informationsmedium, Styleguide, Lebensratgeber, Tagesbegleiter, Freund und Gefährte. Schick designt, hochwertig verarbeitet – und: Es »kann auch was«. Es versetzt den Besitzer in die Lage, unterwegs alle nötigen – und unnötigen – Informationen zu erhalten. Musik zu hören. Sudoku zu spielen. Sich auf tausenderlei Weise mit Freunden auszutauschen und gemeinsam Games mit ihnen zu spielen … Die Möglichkeiten dieses kleinen Gerätes scheinen unbegrenzt. Und das alles bei einer hohen Nutzerfreundlichkeit. Und zu einem entsprechenden Preis. Auch das gehört dazu.

Ein weiterer Aspekt: Apple bekommt man zunächst nicht überall. Alte Marketing- und Vertriebsweisheit: Attraktion und Engpass steigern die Begehrlichkeit. Wir nennen das den »Matterhorneffekt«. Erst langsam öffnet sich Apple für weitere Vertriebswege. Vor Jahren war es noch undenkbar, dass ein Mac in einem Saturn-Markt angeboten wurde. Heute stehen zumindest die günstigeren Computer-Modelle dort. Wobei »günstig« relativ ist. Auch das iPhone wurde bewusst über einen Vertriebskanal angeboten. Natürlich gab es Versuche diverser Mobilfunkanbieter, die begehrten Stücke ebenfalls ins Programm zu nehmen. Und natürlich war es eine Frage der Zeit, bis der Exklusivvertrag mit der Telekom auslief (jetzt gibt es das iPhone auch bei Vodafone und überall). Aber zunächst einmal ging der Plan auf: Ein begrenztes Angebot zu einem hohen Preis schafft Begehrlichkeiten. Erst

Attraktion und Engpass steigern die Begehrlichkeit

nach und nach durften andere Händler das begehrte Stück anbieten.

Der Apple fällt nicht von jedem Stamm

Steve Jobs hat aber noch mehr geschafft. Er hat die Marke so aufgewertet, dass sie auf den Kunden zurückwirkt. Das ist Marketing vom Kunden her gedacht – vom Feinsten dazu! Ähnlich wie ein Porsche, an dessen Steuer wir uns entweder einen gut aussehenden und erfolgreichen Mann vorstellen oder aber eine ebensolche Frau, haben wir genaue Vorstellungen vom Apple-Kunden: iPhone-Besitzer legen Wert auf Design und Ästhetik. Sie sind kreativ. Sie sind wohlhabend, tendenziell jung und häufig unverheiratet. Kurz: Sie sind attraktiv.

Um diese Zielgruppe zu erreichen, ziehen andere mit. Sie bieten Apps an, die das iPhone und zunehmend auch das iPad noch attraktiver machen. Die dem Besitzer noch mehr das Gefühl geben, nicht mehr auf das kleine Gerät verzichten zu können. Und so werden nicht nur immer mehr Kunden Mitglieder der Apple-Fangemeinde, sondern auch Unternehmen. 40 000 Apps standen bereits Ende November 2010 nur für das iPad zur Auswahl.

Die »iWelt« wird immer größer

Neben Attraktion und Sogerzeugung hängt beim weltweiten Apple-Siegeszug natürlich alles an der Strategie: der Entwicklungs- und Vermarktungs-, aber auch der Markterschließungs- und -sicherungsstrategie. Hier lohnt es, einen Blick auf iTunes als zentrale Plattform, als Ökosystem der »iWelt« zu werfen: Mit dem Sprung von der iPod-Befüllungsstation auf das umfassende Zentralangebot der iOS-Welt sagen Technologie- und Marktexperten iTunes auch in Zukunft ein weiteres logarithmisches Wachstum und einen entsprechenden Ausbau der Marktposition voraus.
➪ http://www.asymco.com/2011/06/10/getting-to-one-billion-itunes-users/

Übrigens: 63 Prozent der iPhone-Nutzer verdienen mehr als 75 000 Dollar pro Jahr – ein Gehalt, das im Durchschnitt von nur gut jedem dritten Verdiener erreicht wird. Zwei Drittel der iPhone-Nutzer sind jünger als 35 Jahre und fast die Hälfte ist unverheiratet. So das Ergebnis einer 2008 durchgeführten Studie von Nielsen Mobile. Apple-Nutzer mit geringerem Einkommen wollen von diesem Glanz profitieren. Azubis, die etwas auf sich halten, haben ein iPhone – ganz gleich, ob sie im Büro oder auf dem Bau arbeiten. Und dies, obwohl es günstigere Vergleichsprodukte gibt. Doch die haben wenig Chancen. Denn auch das Preis-Leistungs-Verhältnis – eine scheinbar rationale Überlegung – wird emotional überlagert. Es geht eben nicht um Funktionen und Stand-by-Dauer, sondern um die Dazugehörigkeit zu einer Gemeinschaft.

⇨ www.areamobile.de/news/15220-cupidtino-dating-website-nur-fuer-apple-kunden

Wettbewerber wie Samsung oder Google bieten als Alternative Android an und bauen ebenfalls ihre eigene Fangemeinde auf. Mit Erfolg: Die Apps für diese Smartphones werden stark nachgefragt. Ihr Absatz könnte 2012 höher sein als der des Apple-App-Store.

⇨ http://www.inside-handy.de/news/20729-android-market-koennte-apples-app-store-in-2012-ueberholen

Unser emotionales Gehirn nimmt die Botschaften der Apple-Werbung auf, verbindet sie mit eigenen Lebenserfahrungen. Zusammen mit kulturell übernommenen Bildern und Geschichten sowie eigenen Erfahrungen und Erlebnissen lautet der ganzheitliche Sinnzusammenhang: iPhone-Besitzer sind erfolgreich und begehrt. Sie sind in – und wer will das nicht sein? Stellt sich also nach dem Kauf die Frage: »War das Produkt iPhone diesen Preis wert?«, lautet die nachträgliche Begründung: »Ja – ich bin ja schließlich nicht irgendwer. Das iPhone dokumentiert meinen Status und setzt Signale, die für mich, mein berufliches Weiterkommen wichtig sind.«

Womöglich genauso gut könnte in Zukunft die Werbung für eine der alternativen Plattformen wie beispielsweise Android funktionieren – wenn sie es denn schafft, eine alternative Gefühls- und Identifikationswelt zu erschaffen. »Macht« oder auch »Hedonismus« sind nur zwei Emotions- und Wertewelten, die Begehrlichkeiten wecken, es gibt auch andere, die im Sinne des Emotional Boosting funktionieren, wenn sie konsequent angesprochen werden.

Coca Cola – die Nummer eins der Best Global Brands 2010

Aus einem ganz anderen Bereich, aber mindestens ebenso erfolgreich, ist die Marke Coca Cola. Ihr Wert wird mit 70 452 Milliarden US-Dollar angegeben (www.wuv.de). Und auch sie steht für ganz bestimmte Eigenschaften, die auf den Verbraucher »abfärben«. Nach Angaben des Unternehmens ist Coca Cola einzigartig und spritzig, steht für Entspannung, Erfrischung und Lebensfreude. Dabei spricht die Marke seit vielen Jahren Werte und Ziele an, die bis heute nicht nur Bestand haben, sondern wieder an Bedeutung gewinnen: Emotionen, Individualismus, Lebensbejahung und Spaß haben (www.coke.de).

Mit Emotional Boosting zum Kauf verführen

Was Apple und Coca Cola geschafft haben, funktioniert auch bei anderen Marken. Die Mercedes-S-Klasse steht für Selbstbewusstsein und Erfolg – Eigenschaften, die auf den Käufer zurückwirken. Experten reden in diesem Zusammenhang auch von Emotional oder Magic Boosting. Dabei werden die Marken emotional aufgeladen. Dies geschieht am besten mit Geschichten, die den Marken oder Markenprodukten einen Sinn und so einen Wert geben. Für emotional aufgeladene Produkte erzielen Unternehmen einen Verkaufspreis,

HINTERGRUND: Emotions- und Wertewelten

Wir gehen heute nach dem Modell des Psychologen Shalom Schwartz von zehn über alle Kulturkreise hinweg identischen archetypischen menschlichen Werten aus:

1. **Selbstbestimmung** – Freiheit, Unabhängigkeit, Kreativität, Selbstachtung, Neugierde
2. **Stimulation** – Spannung, Mut, Abenteuer, Anregung, Ansporn
3. **Hedonismus** – Genuss, Lust, Selbstbelohnung, Vergnügen
4. **Leistung** – Erfolg, Kompetenz, Intelligenz, Ehrgeiz
5. **Macht** – Kraft, Ansehen, Autorität, Einfluss
6. **Sicherheit** – Schutz, Geborgenheit, Verlässlichkeit, Gesundheit, Zugehörigkeit
7. **Norm** – Disziplin, Gehorsam, Ordnung
8. **Tradition** – Religion, Familie, Beständigkeit
9. **Wohlwollen** – guter Wille, Ehrlichkeit, Verantwortung, Freundschaft
10. **Ausgewogenheit** – Frieden, Gleichheit, Gerechtigkeit, Weisheit

Nutzen entsteht für die meisten Menschen innerhalb dieser Wertedimensionen, also muss sich auch das Nutzenversprechen einer Marke innerhalb dieses Wertekanons bewegen, denn sonst ist es nicht relevant.

(Quelle: Schwartz, Shalom H.: Universals in the content and structure of values: Theoretical advances and empirical tests in 20 countries; in: Zanna, M. (Ed.): Advances in experimental social psychology. Academic Press, New York , 1992, S. 1 – 65)

der um 30 bis 30 000 Prozent über dem vergleichbarer No-Name-Produkte liegt. Allein der Vergleich von verschiedenen Mineralwasser-Sorten zeigt, wie wichtig Geschichten für das Marketing sind. So zahlen Verbraucher bis zu 95 Euro für eine Flasche Mineralwasser der Marke »Bling«, das in

Deutschland nicht im Handel sein dürfte – sofern die Werbung stimmt. Denn laut Lebensmittelgesetz muss Quellwasser unbehandelt sein – Bling wirbt hingegen damit, dass das Wasser mehrfach gefiltert wurde. Dass das Wasser aus Tennessee von den Schönen und Reichen getrunken wird, hat aber wohl einen anderen Grund: Der Schriftzug auf der satinierten Flasche besteht aus Swarovski-Steinchen – ein klares Zeichen dafür, dass dieses Mineralwasser nicht für den Allerweltskunden gedacht ist. Wer Bling trinkt, gehört dazu. Und weil sich Menschen unbewusst an Vorbildern und vermeintlich Ranghöheren orientieren, gewinnen Marken wie Bling oder Apple zunehmend an Attraktivität.

Die Schönen und Reichen gehören nicht zu Ihrer Zielgruppe? Trotzdem können Sie von Bling lernen. Denn damit sie für 95 Euro eine Flasche Mineralwasser kaufen, müssen auch bei wohlhabenden Menschen Schwellen überwunden werden. Apple und Bling haben eines gemeinsam: Sie bieten eine Luxusheimat und die Strahlkraft ihrer Marken gibt auch den Käufern Glanz. Der Kunde will zu einer bestimmten Gruppe gehören. Er möchte, dass das Produkt auf ihn zurückstrahlt. Doch das allein reicht nicht aus. Die Finanz- und Wirtschaftskrise hat dazu geführt, dass Menschen über ihr Verhalten als Verbraucher nachdenken. Sie verbinden den Kauf von Produkten mit ihren Werten. Eine Entwicklung, die auch Apple Umsatz kosten kann. Vor allem dann, wenn sich die Vorwürfe hinsichtlich der Arbeitsbedingungen bei Foxconn – der »Bastelstube« von iPhone und iPad – als wahr erweisen und sich in der Apple-Gemeinde herumsprechen.

Wo Glanz ist, ist auch Rost

Warum ist es so wichtig, ob bei Foxconn Mitarbeiter Selbstmord begangen haben? Warum interessiert es europäische Kunden, ob die Produktion des iPad in China Umweltschäden hinterlässt? Weil die Welt kleiner geworden ist. Weil wir wissen, wie eng die Prozesse miteinander verflochten sind. China ist nicht mehr die andere Seite der Welt – es ist unser

Nachbar geworden. Die wirtschaftlichen Entwicklungen dort wirken sich auf unsere Wirtschaft aus. Umweltprobleme in China betreffen auch uns. Vielleicht nicht heute, aber möglicherweise schon morgen.

Kunden reagieren auf internationale Entwicklungen

Wie schnell Menschen in Deutschland von Entscheidungen international agierender Konzerne betroffen sind, hat das Beispiel Nokia gezeigt. 2008 beschloss der weltweit größte Handy-Hersteller, sein Werk in Bochum zu schließen. 3200 Mitarbeitern drohte Arbeitslosigkeit. Vorgeworfen wurde dem Konzern jedoch nicht (nur), sich aufgrund günstigerer Produktionskosten nach einem neuen Standort umzusehen. Nokia hatte Subventionen für den Standort Bochum erhalten, die an Bedingungen geknüpft waren. Sie sollten Menschen Arbeit geben – für einen definierten Zeitraum und darüber hinaus. Und der Konzern? Nimmt die Hilfen und verabschiedet sich so schnell wie möglich. Um neue Staatshilfen an anderer Stelle in Anspruch zu nehmen. Damit hat er Vertrauen missbraucht. Und musste dafür zahlen: Politiker und Gewerkschafter riefen zum Boykott der Marke auf, warfen symbolisch ihr Nokia-Handy weg (Merkel zeigt Verständnis für Nokia-Boykott, www.spiegel.de, 2008).

Auch andere Geschehnisse schwappen über Stadt- und Ländergrenzen hinweg. Immobilienpreise in den USA wirken sich auf den eigenen Kontostand aus. Vulkanausbrüche in Island sorgen dafür, dass Waren Deutschland nur mit Verzögerung erreichen. Die Folgen des Klimawandels beeinflussen das eigene Leben. Und jeder von uns trägt zum Klimawechsel bei – gewollt oder ungewollt. Auch die Arbeitsbedingungen in den produzierenden Ländern werden greifbarer und damit wichtiger. Der Zusammenhang zwischen dem eigenen Konsum und Krankheiten oder Hunger in anderen Ländern ist dem Kunden 3.0 bewusst. Er weiß, dass er Teil des Problems ist. Als solches möchte er auch Teil der Lösung sein. Und dies bedeutet, dass Image eng mit Werten verbunden ist. Dass Design allein nicht ausreicht. Dass »schick« nicht nur das Aussehen, sondern auch die Produktionsbedingungen beschreibt.

Der neue Vertrieb: Hommage an den Kunden 3.0

Was bedeutet das für den Vertrieb? Er muss sich umorientieren. Er muss der neuen Werteorientierung im B2C- wie im B2B-Segment Rechnung tragen. Muss daran denken, dass der Geschäftskunde Meier auch als Privatkunde agiert und dass er in beiden Fällen die gleichen Überzeugungen und Werte ansetzt. Die Motive für oder gegen einen Kauf, einen Vertragsabschluss sind also andere geworden. Der Kunde 3.0 kauft nicht einfach. Er denkt darüber nach, wofür er sein Geld ausgibt. Schnäppchenjäger sterben aus. Der bewusste Konsument gewinnt an Macht. Und dieser denkt mit. Darüber, welches Unternehmen – und damit auch Geschäftsgebaren – er mit dem Kauf unterstützt. Denn wer für eine sozial gerechte Welt kämpft, achtet darauf, wie Produkte hergestellt werden. Wer das Klima schonen will, kauft bei Unternehmen, die sich nachhaltig engagieren. Diese und viele weitere Aspekte fließen innerhalb weniger Sekunden in eine – emotionale – Kaufentscheidung mit ein. Doch »Green washing« wird schnell durchschaut. Auch deshalb schauen Unternehmen bei ihren Lieferanten lieber zweimal hin. Denn deren Fehler schlagen auf ihr Image zurück.

Der Kunde 3.0 ist informiert und skeptisch Die neue Werteorientierung erhöht aber auch die Unsicherheit bei Privat- und Geschäftskunden. Wann ist die Entscheidung für ein Produkt richtig? Werden wirklich alle Compliance-Regeln eingehalten? Und wie lässt sich seriös prüfen, ob die Arbeitsbedingungen in Asien so toll sind, wie mir versichert wird? Trotz des Informationszeitalters: Hier ist Vertrauen gefragt. Vertrauen zum Vertriebsmitarbeiter, der auch

Berater sein muss. Zum Verkäufer, der sein Produkt und die Marke kennt. Und den Kunden – mitsamt seinen Ansprüchen.

Im Vertrieb gefragt: Werte

Dem Kunden 3.0 ist nicht egal, bei wem er kauft oder von wem er kauft. Dies gilt im Supermarkt wie im Geschäftsleben. Das zeigt auch unsere Studie VertriebsIntelligenz®. Hier fragten wir, welche die drei wichtigsten Werte sind, die Kunden bei Unternehmen erwarten. Die Antworten auf diese offene Frage waren vielseitig. Sie reichten von emotionalen Werten wie Geborgenheit bis hin zu harten Faktoren wie dem Preis. Besonders häufig wurde der Wert »Zuverlässigkeit« genannt, gefolgt von »Qualität« und »Ehrlichkeit«.

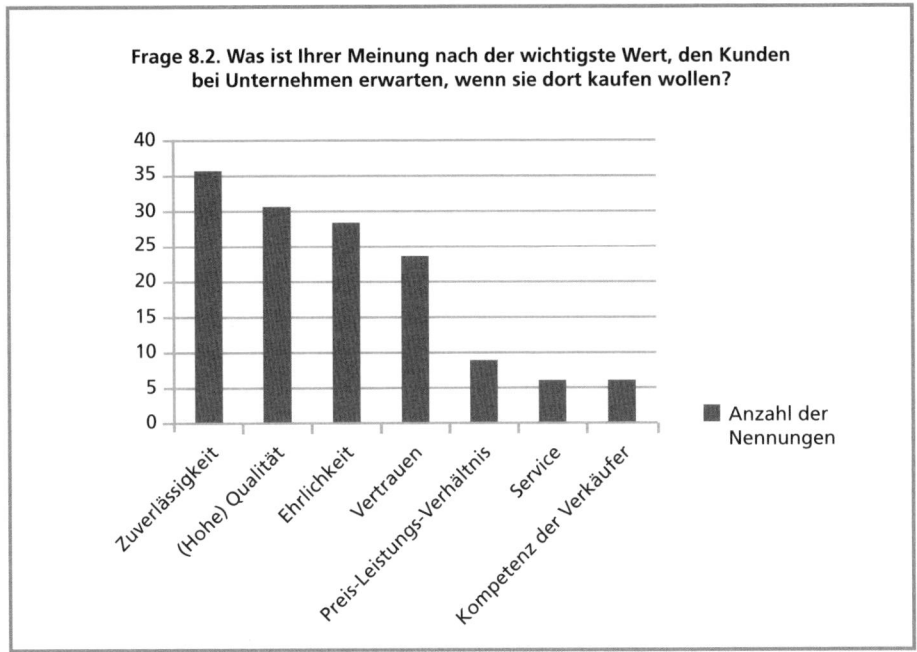

Frage 8.2. Was ist Ihrer Meinung nach der wichtigste Wert, den Kunden bei Unternehmen erwarten, wenn sie dort kaufen wollen?

Auch die Frage, welcher Wert am zweit- und drittwichtigsten sei, wurde am häufigsten mit »Zuverlässigkeit« beantwortet. Damit erhält dieser Wert eine besonders hohe Bedeutung. Der Preis – noch vor wenigen Jahren das Verkaufsargument schlechthin – wurde erst als drittwichtigster Wert erwähnt. »Zuverlässigkeit« wird damit als entscheidender Wert für den Unternehmenserfolg betrachtet. Die häufige Nennung des Wertes verrät aber noch mehr: Es geht heute wieder um langfristigen Erfolg, weniger um die schnelle Mark oder den schnellen Euro. Auch hier spiegelt sich die geänderte Wertewelt wider.

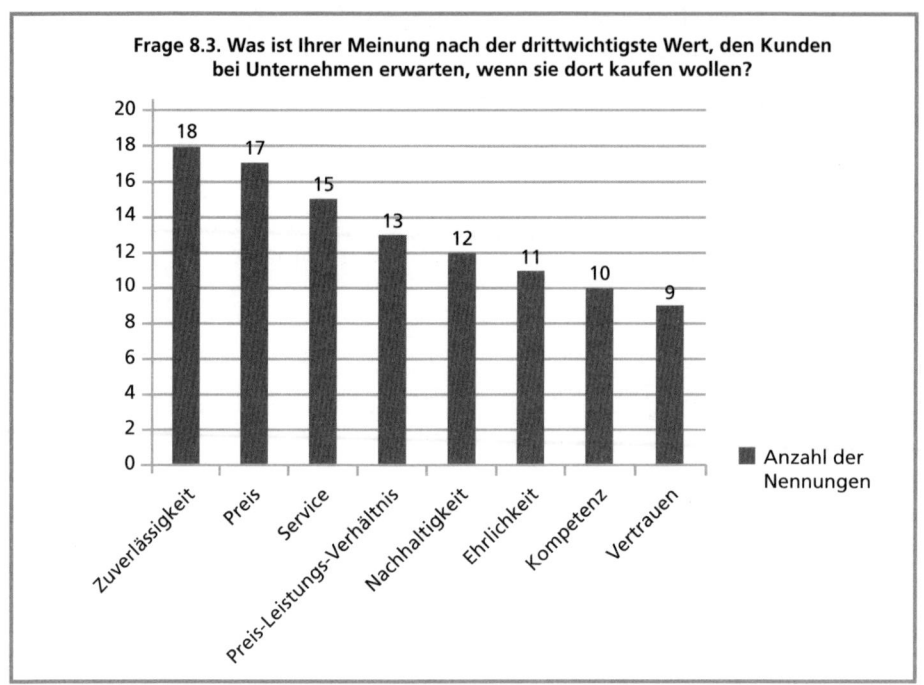

Frage 8.3. Was ist Ihrer Meinung nach der drittwichtigste Wert, den Kunden bei Unternehmen erwarten, wenn sie dort kaufen wollen?

Die Gesamtbetrachtung ergibt folgendes Bild:

	Am wichtigsten	Am zweitwichtigsten	Am drittwichtigsten
1.	Zuverlässigkeit (15 %)	Zuverlässigkeit (15,4 %)	Zuverlässigkeit (7,6 %)
2.	Qualität (12,9 %)	Service (9,6 %)	Preis (7,1 %)
3.	Ehrlichkeit (12 %)	Qualität (7,9 %)	Service (6,3 %)

PRAXISTIPP: Was bedeuten Zuverlässigkeit, Qualität und Ehrlichkeit im Vertrieb?

Wofür stehen Werte wie Zuverlässigkeit, Qualität und Ehrlichkeit im Vertrieb? Es geht darum, dass Sie Ihre Zusagen einhalten, also für Produktversprechen ebenso geradestehen wie für die Einhaltung der Compliance-Richtlinien. Dass Sie Leistungen pünktlich erbringen, man auf Sie bauen und vertrauen kann. Oder anders gesagt: Dass Sie ein Stück Sicherheit in die unsichere Welt bringen.

Und so verhalten Sie sich im Vertrieb zuverlässig:

- Ein Mann – ein Wort: Diesen Spruch sollten Sie wörtlich nehmen. Nur so gewinnen Sie langfristig das Vertrauen Ihrer Kunden.
- Machen Sie nur Zusagen, die Sie halten können. Achten Sie bei Produkt- und Leistungsversprechen darauf, ob Sie diese Aussagen unterschreiben können. Nur dann sollten Sie Eigenschaften anpreisen.
- Sie haben eine Terminzusage gemacht, können sie aber aufgrund höherer Gewalt nicht einhalten? Kommunizieren Sie aktiv mit Ihrem Kunden! Informieren Sie ihn so frühzeitig wie möglich über die Verzögerung – damit geben Sie ihm Zeit, sich auf die neue Situation einzustellen.

- Kundenbetreuung hört nicht mit dem Vertragsabschluss auf. Seien Sie für Ihren Kunden auch dann noch da, wenn er sich bereits für oder gegen ein Produkt entschieden hat.

Qualität im Vertrieb zeigen Sie beispielsweise mit folgenden Verhaltensweisen:

- Bereiten Sie sich im Detail auf das Kundengespräch vor. Bereiten Sie alle Unterlagen so auf, dass Sie sich auf die Gesprächsinhalte konzentrieren können. Achten Sie darauf, dass Ihr Kunde so wenig Aufwand wie möglich hat.
- Arbeiten Sie die Gespräche bald und gezielt nach. Liefern Sie Antworten und Unterlagen in kurzem Abstand nach, bevor der Kunde »den roten Faden« verliert.
- Denken Sie für den Kunden mit. Entlasten Sie ihn, indem Sie auf das Kleingedruckte, mögliche Folgekosten (womöglich negativ) oder interessante Produktkombinationen (womöglich positiv) hinweisen.

Auch der Wert Ehrlichkeit kann mit konkreten Verhaltensweisen in Zusammenhang gebracht werden:

- Stellen Sie die Beratung, nicht den schnellen Abverkauf in den Vordergrund. Weisen Sie Ihren Kunden nicht nur auf Vorteile, sondern auch auf mögliche Nachteile Ihres Produkts hin.
- Verkaufen Sie Ihrem Kunden nichts, was er nicht braucht oder nicht wünscht. Langfristige Kundenbeziehungen zählen mehr als schnelle Abschlüsse!
- Bleiben Sie sich als Mensch treu. Verstellen Sie sich nicht, um Ihrem Kunden eine falsche Wellenlänge vorzugaukeln.

Schnelle Abkehr von falschen Freunden

Der Kunde 3.0 setzt auf Information und Vertrauen. Dies muss er auch, denn die Welt ändert sich schneller als in den Jahren zuvor. Der Umkehrschluss: Wurde der Kunde 3.0 einmal enttäuscht, wendet er sich ab und sucht sich einen neuen Anbieter mit ähnlichen Produkten. Vor allem einen mit einer Wertewelt, die der seinen entspricht.

Die »Enttäuschung« kann dabei sehr vielschichtig sein und von kleinen Einzelaspekten abhängen. Dabei geht es keineswegs nur um rationale Punkte. Im Gegenteil: Unsere Entscheidungen werden emotional getroffen. Und nur die Produkte und Dienstleistungen haben eine Chance, die in unseren Gehirnen ein emotionales »Ja« hervorrufen. So gesehen durchläuft jede Kaufentscheidung eine Art Rechtfertigungsprozess durch unterschiedliche Entscheidungsebenen. Das Fatale: Scheitert ein Teilaspekt, ist die gesamte Kaufentscheidung gefährdet. Denn Produkte, Marken und Vertrieb werden nicht mehr separat wahrgenommen. Sie bilden ein Gesamtbild, das die Kundenentscheidung beeinflusst.

Während die »Kunden alter Garde« oft noch Ärger und Enttäuschung heruntergeschluckt haben, weil es an Auswahl mangelte, dreht der Kunde 3.0 den Spieß um: Er wendet sich schneller ab, als Sie schauen können. Und er erzählt es weiter. Freunden, Kollegen, Familienmitgliedern. Oder seiner Community im Web 2.0. Er schreibt Postings auf der Facebook-Seite eines Unternehmens, entzieht der Marke den »Gefällt mir«-Button und zieht andere Kunden auf seine Seite.

Der Kunde 3.0 reagiert schnell

CHECKLISTE: So überzeugen Sie den Kunden 3.0

Verabschieden Sie sich vom Preis-Leistungs-Argument. Finanzielle Aspekte sind zwar wichtig, aber eben nicht mehr allein ausschlaggebend.	❑
Klassische Zielgruppen sind out. Schubladen-Denken bringt Ihre Kunden gegen Sie auf und beschränkt Ihre Marktchancen. Bevor Sie losreden, nehmen Sie sich Zeit für Ihren Kunden. Fragen Sie klug. Lernen Sie ihn und seine Motive kennen! Hören Sie zu und schweigen schlau!	❑
Kennen Sie die Werte Ihres Kunden? Vor allem im B2B-Segment gilt: Erkundigen Sie sich! Die meisten Websites enthalten Informationen zu Organigrammen, Historie, Unternehmenswerten und Compliance-Richtlinien. Werden Sie hier nicht fündig, fragen Sie Ihren persönlichen Ansprechpartner.	❑
Halten Sie die Spielregeln ein. Wenn die Auftragserteilung über den Einkauf erfolgt, können Sie ihn nicht umgehen. Respektieren Sie diesen Weg – ohne Ihren Partner in der Fachabteilung zu vernachlässigen. Halten Sie immer auf mehreren Ebenen Kontakt in die Unternehmen.	❑
Prüfen Sie Ihre Verkaufsargumente! Wie weit entsprechen sie den Wertvorstellungen Ihrer Kunden? Haben Sie Antworten auf Fragen nach Produktionsbedingungen, Ökologie und Nachhaltigkeit parat? Können Sie – im Privatkundengeschäft – mit einer Fangemeinde punkten? Was spricht gegen Ihr Produkt/Ihre Dienstleistung? Und wie können Sie diesen Argumenten erfolgreich begegnen?	❑
Welche Exit-Strategie haben Sie? Ab wann sagen Sie selbst Nein?	❑

Die Welt ist kleiner geworden – das spürt auch der Kunde 3.0. Vor dem Hintergrund der Globalisierung ist er kritischer geworden, eigenständiger und selbstbewusster. Er lässt sich nicht mehr in Schubladen sperren, sondern will sich selbst verwirklichen. Auch, wenn dies mit höheren Kosten verbunden ist.

Und das heißt für Sie im Vertrieb konkret:

1. Verabschieden Sie sich von den klassischen Zielgruppendefinitionen. Nehmen Sie Ihren Kunden als Individuum mit seinen spezifischen Interessen und Wertedispositionen wahr. Dies gilt auch im B2B-Segment: Denn jedes Unternehmen steht für sich, seine Ziele und seine eigene Identität.

2. Bleiben Sie authentisch. Versuchen Sie nicht, etwas vorzuspiegeln, um zu einem Abschluss zu kommen. Diese Taktik geht nicht auf – sie ging noch nie auf!

3. Achten Sie gerade in der immer stärker digitalisierten, beschleunigten, beliebigen Welt noch mehr als bisher auf das Vorleben klassischer Werte wie Zuverlässigkeit, Qualität und Ehrlichkeit in allen Facetten Ihres Handelns. Diese geben Ihren Kunden in der immer komplexer werdenden Umwelt mit vielen Freiheiten, Optionen und »Fehler«-Möglichkeiten schließlich Orientierung und Sicherheit.

4. Achten und respektieren Sie die Werte Ihrer Kunden, auch wenn sie nicht Ihren eigenen Wertvorstellungen entsprechen. Heutige Kunden lassen sich nicht kau-

fen, sie lassen sich nur in ihrer Wertewelt abholen und überzeugen.

5. Sie brauchen im Vertrieb keine Rabatte und Nachlässe zu gewähren, wenn Ihre Produkt- und Unternehmensmarken genügend Strahlkraft besitzen. Strahlkraft heißt: Positive Imagewerte Ihrer Produkte und / oder Ihres Unternehmens färben auf den Kunden ab. Tragen Sie dazu bei, eine emotionale Heimat für Ihre Kunden zu schaffen, die diese begehrenswert finden – zu der sie dazugehören wollen.

2. KAPITEL

VERTRIEB GEHT HEUTE ANDERS …

… weil der smarte Kunde 3.0 smarte Produktideen will, die er nach seinen Vorstellungen konfiguriert, um sich Wünsche zu erfüllen

> In diesem Kapitel lesen Sie, weshalb sich die Produktionsgröße »1« auch bei Alltagsprodukten durchsetzt und wie Marktforschung und Vertrieb von den individuellen Wünschen des Kunden 3.0 profitieren können.

Statussymbole erzeugten schon immer mehr Aufmerksamkeit als Alltagsprodukte. Auf die Auswahl und Konfiguration von Pkw, Handys und Computern legen wir mehr Wert als auf die Frage, wie viel Individualität unser T-Shirt zeigt, welchen USB-Stick wir nutzen oder welche Schokolade wir verschenken. Oder doch nicht?

Im Vertrieb erleben wir gerade: Der Wunsch nach Individualität, nach der Mitgestaltung unserer Welt, hat auch den Alltag erreicht. Und die Rede ist hier nicht von lustigen Motto-Tassen oder Mousepads mit dem Bild des oder der Liebsten. Nein: In Hunderten von Online-Shops allein auf dem deutschsprachigen Markt können Kunden von der Kaffee-

Der Kunde 3.0 gestaltet selbst

mischung über das Müsli bis hin zu eigenen Lego-Modellen, vom höchstpersönlichen Duft bis zu selbst gestalteten Sportschuhen (fast) alles selbst kreieren. Das Motto des Kunden 3.0: Wünsch dir was, gestalte es, bestelle es per Mausklick – und schon ist es da! Und zwar genau so, wie *du* es dir gewünscht hast. In Auflage 1, 2 oder mehr. Das Hochzeitsbild als Ölgemälde? Kein Problem: Foto hochladen, Format auswählen – fertig. Der Liebsten zum Hochzeitstag selbst designten Schmuck schenken? Auch das geht heute per Mausklick. Selbst Haushaltsgeräte lassen sich individuell fertigen.

Überflussgesell-schaft führt zum Snob-Effekt

Experten sprechen dabei auch vom »Snob-Effekt«. Dies klingt nicht schmeichelhaft, bringt es aber auf den Punkt. Denn in der Überflussgesellschaft kann sich heute nahezu jeder fast alles erlauben. Finanziert durch Kredite und Ratenzahlungen haben die Statussymbole unserer Großväter längst an emotionalem Wert verloren. Status und Individualität zeigen sich an Produkten, deren Auflage bei »1« liegt. Selbst wenn sie bis zu 40 Prozent teurer sind als das vergleichbare Standardprodukt im Kaufhaus (Wünsch dir was: Online-Shopping für Individualisten, www.heise.de).

Und im Geschäftsleben, in Verkauf und Handel zwischen Unternehmen? Auch hier denken die Anbieter – ebenso wie die Kunden – um. Online-Services wie beispielsweise die Hotelbuchung im Internet werden selbstredend im Corporate Design der Kunden angeboten. Geschützte Bereiche in Business-to-Business-Portalen warten nicht nur mit personalisierten Startseiten auf, sondern auch mit individualisierten Angeboten, bei denen sich die hinterlegten Preise nach dem Umsatzvolumen des Kunden richten. Individualisierte Softwarelösungen sind ebenso selbstverständlich wie die Tapete oder der Teppich mit dem Firmenlogo. Ganz zu schweigen von Geschirr, Gläsern und Besteck im Design der firmenspezifischen Corporate Identity. Auch Lampen, Uhren und Schalen lassen sich individuell gestalten und bestellen.

Und trotzdem wirkt diese Produktauswahl im Vergleich zu den Endkunden-Produkten etwas altbacken. Sie muss es auch sein, denn individueller Service ist in der B2B-Welt schon länger selbstverständlich. Sie begegnet uns überall, gehört bereits zum Alltag. Sie zeigt sich verstärkt im Service, in individuellen Lösungen oder angepassten Produkten, die weniger bunt durch unsere Welt getrieben werden. Beispielsweise in Form von individualisierter Arbeitskleidung, Fahrzeugen mit Firmenlogo oder auch individuellen Trainingsunterlagen. Die eigentliche Revolution der individualisierten Produkte findet vor allem im Endkundenbereich, im Web 2.0 statt.

Konsum als Ausdruck der Persönlichkeit

Was steckt dahinter? Weshalb geben Menschen mehr Geld für Produkte aus, nur damit sie sich ein wenig von der Allgemeinheit unterscheiden? Weil Konsum zur Religion, weil Marken zum Sinnstifter geworden sind. Haben wir uns früher mit Sportlern, Schauspielern oder in wenigen Fällen mit Politikern identifiziert, sind es heute die Marken unserer Handys, Notebooks und unserer Kleidung. Bedingung ist, dass diese Marken stark, emotional aufgeladen und mit Werten verbunden sind.

Wir umgeben uns mit Produkten, die nicht nur etwas über unseren Geschmack, unseren Stil aussagen, sondern auch über unser Wertesystem. Wir kaufen Fair-Trade-Produkte und Bio-Gemüse, Kleidung aus nachhaltig angebauter Baumwolle und politisch korrektes Spielzeug. Wir boykottieren Produkte von Umweltsündern und unfairen Arbeitgebern. Und damit lassen wir nicht nur unseren Geldbeutel entscheiden, was wir kaufen wollen. Wir räumen unseren Werten einen ganz großen Raum bei unseren Kaufentscheidungen ein. Was unser Wertesystem nicht tangiert, was un-

Ich bin, was ich kaufe

ser Gefühl nicht trifft, findet bei uns nicht statt: Es findet nicht den Weg zum Herzen und schon gar nicht zum Hirn. Und das ist im Wortsinne zu verstehen, denn mehr als 70 Prozent unserer Entscheidungen werden nach Meinung der Wissenschaftler direkt emotional gefällt – und auch die restlichen 20 bis 30 Prozent sind emotional gebunden, denn sie gelangen erst zur »rationalen« Betrachtung und Entscheidung, wenn sie quasi »emotional vorgefiltert« wurden. Marken erzeugen – und das ist ihr Daseinszweck – genau diese Emotionen, die zum Wiedererkennen, dann zur Freude, zu Wohlgefühl und Vertrauen und schließlich zum Kauf führen.

Gegen die Uniformität der Globalisierung

Aber (die allermeisten) Marken sind heute omnipräsent. Jeder kann jederzeit und überall die gleichen Produktmarken erwerben. Die Globalisierung hat das Angebot vergleichbar, bezugslos, belanglos gemacht. Wer in Dubai shoppen geht, trifft dort ebenso auf H&M wie in Düsseldorf, bekommt die gleiche Rolex wie in Amsterdam, trinkt den Kaffee bei Starbucks, genau wie in London. Diese globale Shoppinglangeweile beflügelt einen neuen Markt: Individuelle Produkte sind gefragt wie nie zuvor. Und dieser Markt scheint unendlich groß zu sein. Denn um sich ein wenig abzuheben, ein wenig aus dem Meer der Jeans- und Turnschuh-Armee herauszustechen, brauchen wir ein eigenes Merkmal. Und genau hier setzt der Markt der individuellen respektive individualisierten Produkte an.

Wunsch nach Gruppenzugehörigkeit und Individualität

Individuelle Produkte dienen stärker dem Lustgewinn als Standardprodukte. Denn sie sind Ausdruck der eigenen Persönlichkeit, des Einkommens und der Werte eines Menschen. Farbe bekennen ist wieder in. Und wie geht das einfacher als durch unseren Konsum? Durch Produkte, die wir direkt bei uns tragen oder täglich nutzen?

Zugegeben: Auch früher schon wollten Menschen sich mit den Waren im Einkaufskorb belohnen. Sie wollten sich »etwas gönnen«, wollten zeigen, dass sie sich »etwas leisten« können. Jeder Mensch wurde und wird letztlich vom Belohnungssystem in seinem Gehirn gesteuert, denn dies zielt darauf, ein Wohlgefühl zu haben. »Das Streben nach Glück« bedeutet letztlich nichts anderes, als über das Belohnungszentrum (»Nucleus Accumbens«) im Hirn Botenstoffe und Hormone auszulösen, die uns Gefühle vermitteln, die wir als Zufriedenheit, Freude und Glück bezeichnen. Was ist daran also neu? Dass der neue Kunde diese Erkenntnisse der Hirnforscher (»Neuro-Ökonomie«) mittlerweile grundsätzlich als Fakt anerkennt – und dass er sich dessen bewusst ist. Er weiß (besser), wie er tickt, als der frühere Konsument. Und er weiß (besser), was er erwarten darf, was er will und wie er es erreicht! Deshalb überträgt er diesen Anspruch nicht nur auf Luxus-Artikel, sondern auch auf Toilettenpapier und Glühbirnen. Und er verbindet dies gleichzeitig mit seinen Werten: Klassische Glühbirne oder Energiesparlampe? Tageslicht-Lampen oder LED? Wellness oder Öko? Licht produziert jede von ihnen.

Die Frage lautet also: Welches Licht will ich? »Licht ist eine Philosophie«, sagt mir der gute Lampenverkäufer, als ich mich von einem Fachmann beraten lassen will. Bis dahin hatte ich beim Lampenkauf nur praktische Überlegungen angestellt. Nicht mehr, aber auch nicht weniger. Nun wird mir gerade ein ganz anderer, emotionaler Ansatz präsentiert. Ein Produkt, das direkte Auswirkungen auf mein Wohlbefinden hat. Ein solches Produkt will ich mitentwerfen, sodass es mir ganz individuell entspricht. Für diesen »I designed it myself«-Effekt bin ich bereit, deutlich mehr zu zahlen, denn er macht mich stolz, hat eine aktuelle Studie von Franke, Kaiser und Schreier herausgefunden.
⇨ http://didattica.unibocconi.it/mypage/upload/94002_
   20090806_023433_I_DESIGNED_IT_MYSELF_MS.PDF

Und genau in dieser Frage liegt der kleine, aber entscheidende Unterschied. Lange Zeit hat sich der Kunde nach dem Angebot gerichtet. Er hat gekauft, was sich die Unternehmen im Vorfeld für ihn überlegt, für ihn entworfen haben. Heute erwartet er, dass sich das Angebot nach ihm richtet. Dass die Produkte die Farbe, den Schnitt, die Ausstattung haben, die er sich wünscht. Er will das Upgrade, nicht den Standard! Und er ist dazu bereit, weil auch technisch in der Lage, die Produktwelt mitzuentwickeln. Und also geschieht es!

Customer Energy für Produkt(weiter)entwicklung

»Mitentwicklung« bedeutet nicht in erster Linie, dass der Kunde 3.0 seine eigenen Produktideen kreiert und sie den Unternehmen zur Realisierung schenkt (das kann im Einzelfall so sein). Vielmehr geht es darum, bestehende Produkte weiterzuentwickeln, Beta-Versionen zu testen und zu optimieren. Gemeinsam – und damit meine ich Kunde und Unternehmen – die Produkte so weiterzuentwickeln, dass ein neuer, verbesserter Mehrwert für den Kunden entsteht.

Wer nun glaubt, mit ein paar Kundenbefragungen ein tolles, neues Produkt auf den Markt werfen zu können, irrt gewaltig. Die Aufgabe, innovative Produkte zu kreieren, liegt immer noch bei den Unternehmen selbst. Sie müssen forschen, vorausahnen, was der Kunde morgen, übermorgen braucht, will oder wollen könnte. Antizipieren, welche neuen Services dank neuer Entwicklungen möglich sind. Visionen entwickeln, welche Produkte mit neuen Technologien machbar sind.

Herkömmliche Kundenbefragungen bringen wenig

Auch als Trendforschung dient die konventionelle Kunden-befragung nur bedingt. Weshalb? Weil es die klassischen Ziel-gruppen immer weniger gibt: Menschen jeden Alters, aller Einkommensstufen, aller Regionen finden sich zu Interes-sengemeinschaften zusammen – und kurz darauf mit ande-ren Menschen zu neuen Interessengemeinschaften. Dort – und nicht in den demografischen Parametern – liegen dann ihre Werte, Einstellungen und Entscheidungsmotive offen, und nur dort kann man sie adressieren. Außerdem wird es immer schwieriger, auf üblichem Wege Menschen zu finden und zu befragen, die sich wirklich für Ihr Produkt interessie-ren: Weil Konsumenten bei Telefonbefragungen schnell wie-der auflegen. Weil die Fragebögen oft keine Detailantworten zulassen. Weil die eingesetzten Marktforscher manchmal ihre Texte herunterspulen und den Ansprüchen der medienerfah-renen Kunden nicht mehr gerecht werden. Natürlich auch, weil Befragungen für den Konsumenten unverbindlich sind: Wer qua Anfrage »gezwungen« wird, seine Meinung zu ei-nem Produkt kundzutun, oder eine Belohnung dafür erhält, hat kein wirkliches eigenes Interesse, dieser Produktentwick-lung zu helfen, sie zur bestmöglichen zu machen. Manchmal ist es für die Befragten nicht mehr als ein unverbindlicher Jux. Einen anderen, besseren Weg eröffnen hier die Social Media, in denen sich genau diese Interessengemeinschaften (auf Zeit) zusammenfinden, in denen Sie die Menschen fin-den, die Ihnen wirklich etwas zu sagen haben – die eventuell sogar gestalten wollen und werden. Hier reagieren die Men-schen, die ein eigenes Interesse daran haben, die Marke, die Produkte, die Ideen bestmöglich weiterzuentwickeln. Sei es mit Kritik, sei es mit Konstruktion. Hier gestaltet Customer Energy!

Verabschieden Sie sich von der Einbahnstraßen-Kommuni-kation, von Standard-Fragebögen ohne Spielraum. Werden

Sie vertriebsintelligent. Treten Sie in den Dialog! Reden Sie, schreiben Sie, sprechen Sie – persönlich oder online, mit Gruppen oder im Einzelgespräch. Mit dem Kunden, dem Kunden 3.0. Lassen Sie ihm Raum für seine Antworten. Zwingen Sie ihn nicht zu »Ja«- oder »Nein«-Kreuzen. Zeigen Sie Wertschätzung und Interesse. Fragen Sie bei interessanten Antworten und Anregungen nach. Ihre Kunden werden es Ihnen danken. Ihre Produktentwickler auch.

Mitmach-Aktionen lohnen sich Wie sich Social Media effektiv nutzen lassen und obendrein allen Beteiligten Spaß machen, zeigt das Beispiel Migros: Der Schweizer Detailhändler hat die Leser der Baseler Zeitung dazu aufgerufen, neue Produkte zu erfinden und diese auf der dazu entwickelten »Migipedia«-Website vorzustellen. Der Erfolg kann sich sehen lassen: Über 1000 neue Produkte wurden vorgeschlagen, die von ihren »Entwicklern« zudem auf Social-Media-Plattformen beworben wurden. Eingebettet war die Aktion in einen Wettbewerb, in dessen Rahmen das Unternehmen 10000 Schweizer Franken auslobte. Bis heute ist die Fan-Gemeinde des Unternehmens aktiv: Rund 20000 Kunden diskutieren online über die Produkte und weitere Themen. Migros baut ein eigenes »Facebook«.
⇨ www.bazonline.ch/digital/internet/Migros-baut-eigenes-Facebook/story/10710049?track

Webasto, Hersteller von Standheizungen, lädt regelmäßig ausgewählte Kunden für ein Wochenende zu sich ein. Ziel ist die Entwicklung neuer Ideen. Das Dankeschön: Webasto übernimmt die Reisekosten. Sonst nichts. Und trotzdem reißen sich die Kunden um die Plätze.

Auch Tchibo sucht den Dialog mit den Kunden, um von deren Einfällen zu profitieren. Auf der Plattform »Tchibo ideas« tauschen sich Kunden begeistert über Ideen für Alltagsgegenstände aus, Handtaschenhalter fürs Auto beispielsweise. Sie beurteilen die Vorschläge untereinander, entwickeln sie

weiter. Tchibo prämiert die besten drei »Lösungen des Monats« und prüft sie auf Umsetzbarkeit und Vermarktungspotenzial. Mit etwas Glück landen sie in den Regalen.
⇨ www.tchibo-ideas.de

Der Drogeriemarkt dm lässt von seinen Kunden ein neues Duschgel entwickeln. Dazu nutzt dm die Seite unserAller bei Facebook (www.facebook.com/unserAller). Auf der Seite können User aktiv Produkte mitentwickeln. Im ersten Schritt legen die Nutzer das Motto fest. Anschließend bekommen die 750 aktivsten Teilnehmer an dem Mitmach-Projekt ein Paket, in dem alle Zutaten für das neue Duschgel enthalten sind. Jeder kann nach eigenen Wünschen Duft und Farbe mixen und das Ergebnis den anderen Community-Mitgliedern vorstellen. Haben sich die Teilnehmer für einen Vorschlag entschieden, stimmen sie über den Namen und die Verpackung ab. Als Dankeschön bekommen die aktivsten Teilnehmer das Duschgel nach Hause geschickt. dm plant eine limitierte Auflage des Duschgels für den Handel.
⇨ www.wuv.de/nachrichten/unternehmen/social_media_
   seife_dm_laesst_duschgel_auf_facebook_entwickeln

Doch Aktionen dieser Art müssen gut geplant und konsistent ausgeführt sein, denn leicht fühlen sich die User verulkt, hintergangen, nicht ernst genommen – oder auch um die Früchte ihrer kreativen Leistung gebracht. Nur ein Beispiel aus der rasch wachsenden Zahl der »Marketing-Fails« rund um das Web 2.0: die missglückte »Pril-Aktion«, in der Henkel via Facebook zu einem Designwettbewerb für die Verpackung des bekannten Spülmittels »Pril« aufrief. Nach mehreren Regeländerungen während des laufenden Wettbewerbs war die Fangemeinde so entrüstet, dass die Aktion in Summe mehr Sympathien gekostet als gebracht haben dürfte.
⇨ http://www.focus.de/digital/internet/aufstand-auf-
   facebook-pril-wettbewerb-ist-vorbei-der-protest-nicht_
   aid_629179.html

Hier wie bei anderen Beispielen wird klar: In der neuen Welt zählen viele alte Werte – vielleicht noch mehr als zuvor. Denn Werte wie Zuverlässigkeit, Vertrauenswürdigkeit, Sicherheit geben Orientierung und den »Fans & Followern« einen Ort, an dem sie sich wohlfühlen können. Und sie stehen »neuen« Werten nicht entgegen! Im Gegenteil: Das Zusammengehörigkeitsgefühl, der Spaß, gemeinsam an einer Sache zu arbeiten und an einer spannenden, unterhaltenden, lustigen oder sozialen Idee mitzuwirken, verstärkt sich ja im »Mitmach-Web«. Wenn ihre Werte und Rechte beachtet werden, dann gestalten Kunden gerne aktiv mit!

Verschenken Sie keine Möglichkeiten!

Dass der Kunde nicht nur gefragt werden, sondern selbst mitgestalten will, wissen eigentlich auch die Unternehmen: Im Rahmen der von A. T. Kearney durchgeführten Studie »Customer Energy« gehen drei Viertel der Befragten davon aus, dass die Einbindung der Kunden in die Produktweiterentwicklung bis 2015 zum kritischen Erfolgsfaktor wird. Besonders in den Bereichen Unterhaltungselektronik, Medien, Telekommunikation und Handel wird mit einer steigenden Bedeutung gerechnet. Aber nur 55 Prozent der Unternehmen nutzen derzeit die maximal erreichbare Customer Energy. Der Großteil begnügt sich mit Kundenservice und Einbahnstraßen-Marketing (A. T. Kearney, »Customer Energy«, 2007), bezieht den Kunden erst dann mit ein, wenn es zu spät ist. Weil das Produkt in Auflage X bereits auf dem Markt ist – mit Haken und Ösen und ohne die Anforderungen der Konsumenten zu berücksichtigen. Die Folge? Nur etwa zehn Prozent aller Produktinnovationen sind erfolgreich. Der Rest wird vom Verbraucher durch Nichtbeachtung abgestraft.

Procter & Gamble, von A. T. Kearney als eines der erfolgreichen Unternehmen im Bereich Customer Energy genannt, nutzt beispielsweise externe Netzwerke wie NineSigma und InnoCentive. Hier schlagen die Kunden Lösungen für technische und wissenschaftliche Probleme vor. Mit diesem Wissen konnten Investitionen reduziert werden und gleichzeitig ließ sich die Erfolgsquote bei Innovationen deutlich erhöhen.

Danone bat seine Kunden, per SMS oder auf einer Website über den Geschmack eines neuen Puddings abzustimmen. Über 1,1 Millionen Verbraucher gaben innerhalb von dreieinhalb Monaten ihre Stimme ab – und warteten gespannt auf die Markteinführung.

Kunden abstimmen lassen

PRAXISTIPPS: So profitieren Sie von der Customer Energy

1. Akzeptieren Sie die neue Rolle – und damit auch die neue Macht – Ihres Kunden. Überlegen Sie, wie Sie von diesem neuen Rollenverständnis profitieren können.

2. Ihre Kunden diskutieren über Ihre Produkte und Dienstleistungen – von Ihnen unbemerkt oder mit Ihnen. Die Entscheidung darüber liegt bei ihnen. Um von dem Wissen der Kunden zu profitieren, müssen Sie sich für den Dialog öffnen – in den Communitys, in denen die Diskussion stattfindet. Das kann bei Privatkunden Facebook sein. Bei Geschäftskunden kann dies beispielsweise auf branchenspezifischen Plattformen oder in Business-Netzwerken wie XING geschehen.

3. Behalten Sie den Kundennutzen im Auge. Customer Energy erfordert eine Win-win-Situation. Dabei kann der Gewinn für den Kunden ganz unterschiedlich ausfallen: Wertschätzung, optimierte Produkte, Aufbau von Wissen, … Sollte er jedoch den Eindruck bekommen, ausgenutzt zu werden, ist er weg!

4. Customer Energy betrifft nicht nur kleine Schönheitsreparaturen am fertigen Produkt, sondern alle Prozesse der Wertschöpfungskette. Nur wenn Sie bereit sind, alle eingefahrenen Gleise und scheinbar in Stein gemeißelten Entscheidungen zu hinterfragen, können Sie optimal vom »Wissen der Massen« profitieren.

One-to-one-Dialog in der Produktentwicklung

Woran scheitert die aktive Einbeziehung der Kunden in die Produktentwicklung in der Praxis so oft? Zum einen daran, dass immer noch viele Unternehmen glauben, sie hätten die Mitwirkung, das Wissen der Kunden nicht nötig. Zum anderen wird immer noch viel zu gern die »graue Masse« angesprochen, die große Zielgruppe der XY, ohne den Kunden genau zu identifizieren. Da werden – im übertragenen Sinne – Audi-Fahrer nach ihrer Meinung zum BMW befragt, werden immer wieder x-beliebige Adressen für Telefonbefragungen zusammengewürfelt, werden Kundendaten gekauft, um über Callcenter Befragungen durchführen zu lassen, die bei genauerem Hinsehen keinen Sinn ergeben.

Unternehmen verspielen damit wertvolle Chancen. Denn die Bereitschaft der Kunden, aktiv mitzumischen, ist durchaus vorhanden. Auch das zeigt die Studie »Customer Energy«. Demnach wäre fast jeder Dritte der befragten aktiven Verbraucher bereit, »seiner Marke« am Tag mindestens eine halbe Stunde Zeit zu widmen – ohne Bezahlung, aus reiner Neugier. Dass sie dies nicht tun, hat einen einfachen Grund: Sie wissen nicht, an wen sie sich wenden sollen und wie sie ihre Ideen »verpacken« müssen, damit sie ankommen.

Gefragt: der vertriebsintelligente Dialog

Gefragt ist also der aktive, der vertriebsintelligente Dialog: in Workshops, auf Internet-Plattformen. Mit Freiraum für die Kunden, damit sie eigene Ideen formulieren können. Gefragt ist der »direkte Draht« im B2B-Segment, das Wissen um die Belange der Kunden. Und die aktive Aufforderung: »Wir als Unternehmen möchten von dir, Kunde, lernen.«

PRAXISTIPPS: Vertriebsintelligenter Dialog mit dem Kunden 3.0

Es gibt zahlreiche Möglichkeiten, mit Ihren Kunden in den Dialog zu treten und ungeschöntes Feedback zu Produkten und Leistungen zu erhalten. Denkbar sind beispielsweise:

- **Internetforen:** Begeben Sie sich auf Plattformen wie XING und Facebook, um mit bestehenden und potenziellen Kunden ins Gespräch zu kommen und mehr über den Kunden 3.0 zu erfahren.

- **Facebook:** Richten Sie Ihre eigene Produkt-Site auf Facebook ein und laden Sie Interessierte und Kunden zum Dialog. Stellen Sie gezielt Fragen nach Wünschen, nach Must-haves und dem berühmten Sahnehäubchen. Bilden Sie VIP-Gruppen, mit denen Sie einen besonders intensiven Kontakt pflegen. Diese Gruppen können Sie zu Testern für neue Produkte machen, sie zu Umfragen oder als Dankeschön für ihr Engagement zur Teilnahme an Gewinnspielen mit hochwertigen Preisen einladen.

- **Tweetpoll:** Nutzen Sie das Twitter-Mashup Tweetpoll, um Umfragen via Twitter zu generieren. Machen Sie mit einer Kurz-URL auf die Umfrage aufmerksam und binden Sie sie in Facebook oder auf Ihrer Website ein. Halten Sie Ihre Kunden über die Umfrage auf dem Laufenden: Teilen Sie in Ihren Tweets mit, wie lange Antworten möglich sind. Twittern Sie später die Ergebnisse. Besonders spannende Teilergebnisse können extra kommuniziert werden. Wenn Sie mögen, laden Sie Ihre Facebook-Freunde doch einfach via Twitter und auf Facebook dazu ein, über die Ergebnisse zu diskutieren.

- **Workshop:** Laden Sie mehrere bestehende und potenzielle Kunden zu einem Thema oder einem Produkt ein. Erarbeiten Sie gemeinsam mit ihnen Service-Lösungen und Ansätze für neue oder überarbeitete Produkte. Führen Sie den Dialog mit Ihren Kunden fort – indem Sie Folge-Workshops organisieren oder die Kunden auf anderem Weg in die weitere Entwicklungsphase einbinden.

- **Blog:** Richten Sie auf Ihrer Website einen Blog ein. Schreiben Sie regelmäßig zu bestimmten Themen. Fordern Sie zum Dialog auf, stellen Sie Fragen, beantworten Sie die Einträge Ihrer Kunden. Und: Gehen Sie behutsam mit kritischen Kommentaren um. Wer gleich löscht, erntet Spott und Hohn.

- **Geschlossene Bereiche:** Reservieren Sie einen Teil Ihrer Website Ihren VIP-Kunden. Diese können sich hier untereinander austauschen, einander Produkttipps und Anwendungshilfen geben. Und Sie lernen anhand der Fragen, welche Lösungen besonders beliebt sind und wo Ihre Produkte haken.

Vom Konsumenten zum Produzenten – und retour

Der Kunde 3.0 will gehört werden

Der Kunde 3.0 wird zum Produktentwickler, zum Produzenten. Er will von den Unternehmen eingebunden werden, wenn es um die Weiterentwicklung bestehender Produkte geht. Er wartet quasi darauf, gemeinsam mit anderen Ideen zu testen und zu diskutieren. In Beta-Versionen auf Fehler und Versäumnisse des Produktmanagements aufmerksam zu machen – und natürlich Verbesserungsvorschläge zu bringen. Vorausgesetzt, er erhält einen Mehrwert: ein verbessertes Produkt, die Bestätigung, dass er an etwas Neuem, Tollem mitgearbeitet hat, das Gefühl, zu einer Gruppe ausgewählter Kunden zu gehören, deren Meinung Gewicht hat.

Was bedeutet dies für die klassische Produktentwicklung? Für den klassischen Vertrieb? Für die klassische Marktforschung? Sie sind zum Scheitern verurteilt. Weil Produkte an den Wünschen der Kunden vorbei entwickelt werden. Weil die Marktforschung in ihrer hergebrachten Form den Kunden nicht mehr erreicht.

Innovation statt Stillstand

Der Markt verlangt in immer kürzeren Abständen nach neuen Produkten: Updates für Software und PC-Betriebssysteme. Neue Fernseher und Handys mit noch mehr technischem Schnickschnack, noch mehr Möglichkeiten und Modifikationen. Wöchentlich wechselnde Angebote im Textil-Einzelhandel statt Frühlings- / Sommerkleidung und Herbst- / Winterkollektion. Das alles kann nur verwirklicht werden, wenn Kundenanforderungen bekannt sind, wenn Innovationen in die richtige – vom Kunden gewünschte – Richtung gehen, wenn er mit ihnen wachsen kann. Und umgekehrt. Genau dazu brauchen Sie den stetigen Meinungsaustausch, den oben beschriebenen vertriebsintelligenten Prozess mit dem Kunden: zur innovativen Produkt(weiter)entwicklung. Nur so können Sie auf Dauer am Markt bestehen. Davon sind auch die Teilnehmer des Forschungsprojekts VertriebsIntelligenz® überzeugt:

Auszug aus dem Forschungsprojekt Vertriebs-Intelligenz®: Wichtigkeit der innovativen Produktentwicklung

Für 41,2 Prozent der Studienteilnehmer sind innovative Produkte für den Unternehmenserfolg besonders wichtig. Nur 1,2 Prozent bewerteten diese Aussage mit der Schulnote 5 und sagten somit, dass dies überhaupt nicht notwendig für ein erfolgreiches Unternehmen sei.

Marktnischen – lange Zeit als »das Erfolgsrezept« angesehen – haben hingegen an Bedeutung verloren. Nur 27,4 Prozent der befragten Studienteilnehmer bewerteten die Aussage, dass eine Marktnische für den Unternehmenserfolg wichtig sei, mit der Schulnote 1. 36,3 Prozent der Teilnehmer wiesen der These ebenfalls eine hohe Wichtigkeit zu (Schulnote 2). Und 5,7 Prozent lehnten das Vorhandensein einer Marktnische bezüglich der Bedeutung ab mit der Aussage »trifft überhaupt nicht zu«.

Es kommt mithin heute nicht mehr darauf an, als alleiniger Anbieter ein Nischenprodukt wie den ersten Tablet-PC am Markt zu platzieren. Der Erfolg stellt sich erst dann ein, wenn der Tablet-PC den Mehrwert bietet, den Ihr Kunde bevorzugt, wenn in zwei, drei Monaten neue Features hinzukommen und damit neue Begehrlichkeiten geweckt werden. Was für den Tablet-PC gilt, gilt natürlich auch für andere Produkte. Smartphones, beispielsweise, intelligente Fernseher, durchdachte Versicherungslösungen oder Produkte für den Maschinenbau.

Produktentwicklung und Lebensgefühl

Der Wunsch nach individuellen Produkten hängt eng mit den technischen Möglichkeiten zusammen. Aber auch mit dem Lebensgefühl in der heutigen Gesellschaft wie dem Wunsch nach Gruppenzugehörigkeit und Individualismus. Oder mit der Bereitschaft, zum Querdenker zu werden und die Gesellschaft mitzugestalten. Der Kunde 3.0 ist digital – im Beruf und privat. Smartphone-Besitzer lassen sich anzeigen, ob ihre Freunde in dem Café sitzen, an dem sie gerade vorbeigehen. Welche Angebote das Kaufhaus hat, in dessen Schaufenster sie gerade schauen. Ob die Bahn Verspätung hat. Wo das nächste Bistro ist. Oder auch, welche News die Wirtschaft im Augenblick bewegen. Und dies alles, ohne sich aktiv zu bemühen. Sie werden von der Technik abgeholt, die Informationen erreichen sie automatisch. Andererseits sind sie bereit, die Technik aktiv zu nutzen: per Mausklick Zutaten zu mixen und so ihre individuelle Schokolade, ihr Müsli, ihren Kaffee oder Tee zu komponieren. Ihr T-Shirt oder andere Dinge des täglichen Lebens zu gestalten.

Werden Sie zur First Choice

Die erste Wahl in den Augen des Kunden zu werden, Kult-status à la Nutella, Harley Davidson oder Bionade zu erlangen und eine Fangemeinschaft aufzubauen – das ist ein Ziel, das viele Unternehmen haben, aber nur wenige erreichen. Das aber doch erreichbar ist. Auch für Einzelkämpfer. Was entscheidet demnach über den Erfolg eines Unternehmens? Wichtig sind zum einen klare Ziele. Nur wer weiß, was er wirklich erreichen will, wird auch dort ankommen. Eine Binsenweisheit? Trotzdem verlieren viele Außendienstmitarbeiter, Key-Accounter und sogar Vertriebschefs genau diesen Aspekt aus den Augen. Sie bewältigen ihre Tagesaufgaben, ohne das Gesamtziel im Blick zu haben. Dabei kann sich jeder von uns ganz konkrete Ziele setzen. Beispiele dafür sind im folgenden Kasten aufgeführt.

Vertriebsziele sind Managementziele

PRAXISTIPPS: Mögliche Ziele für mehr Erfolg

- Angestrebter Umsatz: Setzen Sie sich ein realistisches Ziel für Ihr persönliches Umsatzwachstum. Was können, was wollen Sie erreichen? Wie viel und bis wann?

- Zahl der erwünschten Neukunden: Mehr Umsatz mit Bestandskunden zu erreichen, ist das eine Ziel, neue zu Kunden gewinnen, das andere. Damit lässt sich der Umsatz weiter steigern. Gleichzeitig machen Sie sich unabhängiger von Ihren Bestandskunden. Wie viele neue Kunden wollen Sie gewinnen?

- Mehrumsatz mit bestehenden Kunden: Definieren Sie für jeden Ihrer Bestandskunden, wie viel mehr Umsatz Sie mit ihm machen wollen.

- Genauer Zeitpunkt für eine Produkteinführung: Sie planen ein neues Produkt, bei dem sich die Markteinführung immer wieder verzögert? Räumen Sie dem Projekt mehr Priorität ein – indem

---

Sie es selbst ernster nehmen. Stellen Sie einen Zeitplan auf – und halten Sie ihn ein!

- Steigerung der Qualität: Kundenzufriedenheit durch hohe Qualität ist ein schönes Alleinstellungsmerkmal. Und ein gutes Vertriebsargument! Analysieren Sie Ihre Produkte und Prozesse, finden Sie die Schwachstellen – und räumen Sie sie aus dem Weg!
- Rückgang von Reklamationen: Unzufriedene Kunden wechseln, begeisterte Kunden empfehlen Sie weiter. Richten Sie deshalb Ihren Fokus auf die Reklamationen, ihre Anzahl und ihre Bearbeitung. Je weniger Kunden Ihre Leistungen reklamieren, umso besser für Ihre Marke und Ihr Image – und damit für Ihren Vertriebserfolg!

Ziehen Sie bei den Zielen an einem Strang

Achten Sie darauf, dass die Vertriebsziele mit der Unternehmensstrategie übereinstimmen und aus ihr abgeleitet werden. Widersprüche zwischen Zielen und Strategie sind nicht nur ärgerlich, sie sind schädlich. Denn sie bedeuten nichts anderes, als dass Management und Vertrieb in zwei unterschiedliche Richtungen unterwegs sind. Prüfen Sie deshalb Ihre Vertriebsziele. Stimmen Sie sich im Zweifel mit dem CEO ab. Wenn klar ist, wohin die Reise geht, muss Ihre Vertriebsmannschaft ins Boot geholt werden. Hier gilt: Je konkreter und klarer die Ziele sind, umso besser können sie kommuniziert werden. Dies wiederum hat den Vorteil, dass Ihr Team weiß, was wann von wem erwartet wird. So können sich Ihre Leute selbst überlegen, wie sie das Unternehmen bei der Erreichung dieser Ziele unterstützen. Wer hingegen im Geschäftsalltag »in den Tag lebt« oder seine Ziele zu allgemein formuliert, verliert die Unternehmensstrategie aus den Augen. Oder er verliert sich an »falsche Ziele«, an den kurzfristigen Erfolg. Das hat zur Folge, dass wichtige Aspekte im Kundenmanagement vernachlässigt werden und Unternehmen sich immer wieder auf die Suche nach neuen Kunden begeben müssen. Dabei tragen gerade treue Kunden wesentlich zum Unternehmenserfolg bei. Dies zeigt auch das Forschungsprojekt VertriebsIntelligenz®.

Auszug aus dem Forschungsprojekt VertriebsIntelligenz®: Was ist für den Erfolg eines Unternehmens am Markt am allerwichtigsten und was am zweitwichtigsten?

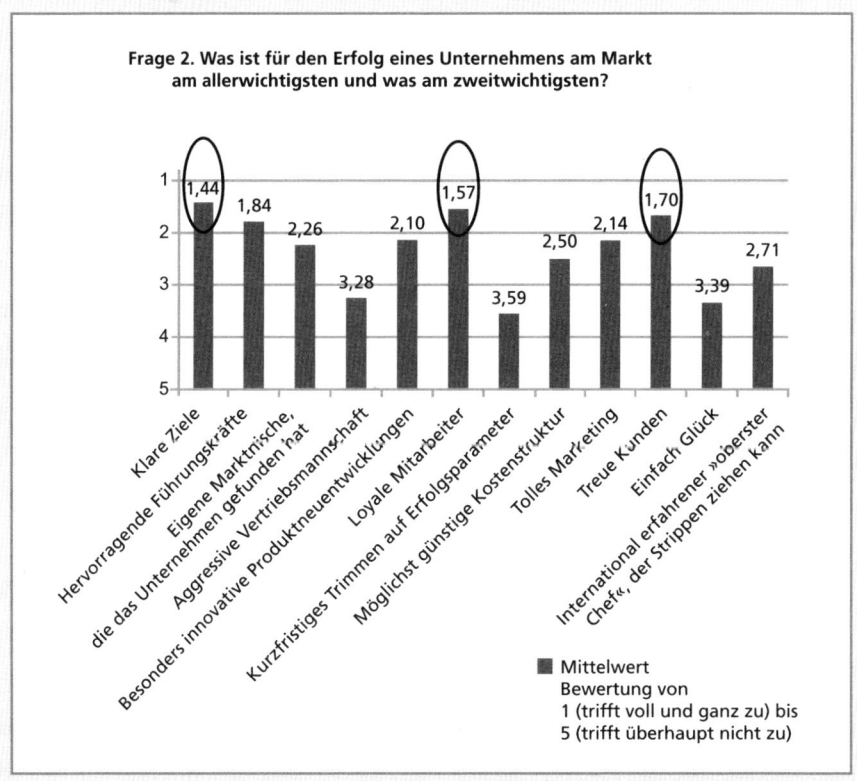

Frage 2. Was ist für den Erfolg eines Unternehmens am Markt am allerwichtigsten und was am zweitwichtigsten?

Treue Kunden gehören für die Befragten zu den entscheidenden Erfolgsfaktoren für ein Unternehmen. Dabei gab mit 56,3 Prozent eine ungewöhnlich hohe Anzahl der Studienteilnehmer an, dass treue Kunden sehr wichtig (Schulnote 1) für die Leistung eines Unternehmens seien. 26,5 Prozent vergaben die Schulnote 2 und nur 2,9 Prozent die Schulnote 5.

Machen Sie aus Kunden Fans!

Wie mache ich aus einem Kunden einen bekennenden Fan? Die Standardantwort lautet: Indem Sie Ihren Fokus auf die Kundenorientierung legen und Vertrieb ganzheitlich verstehen. So weit, so oft gehört. Und so wenig umgesetzt! Denn was bedeutet dies denn wirklich? Kunden haben klare Erwartungen an Unternehmen und deren Vertriebsmitarbeiter und Verkäufer. Dies hat das Forschungsprojekt Vertriebs-Intelligenz® eindeutig belegt. Demnach reicht es nicht aus, schöne Produkte zu haben, die gerade »in« sind. Rennen Sie dem Trend nicht hinterher – gestalten Sie ihn mit. Fragen Sie sich nicht »Was habe ich im Angebot?«, sondern: »Was braucht mein Kunde? Und welches meiner Produkte könnte eventuell passen? Welches könnte so modifiziert werden, dass es auch morgen noch passt?«

Entscheidend: der direkte Dialog
Lernen Sie von denen, die es bereits geschafft haben. Treten Sie in den direkten Dialog mit Ihren Kunden. Online oder persönlich. Bieten Sie Foren zum Austausch über Produkte und Ideen. Antworten Sie auf Anregungen. Greifen Sie Ideen auf und spinnen Sie diese weiter – gern im Austausch mit Ihren Kunden. Stellen Sie Fragen, haken Sie nach. Und beziehen Sie dabei so viele weitere Kunden wie möglich mit ein. Bieten Sie Online-Shops mit Bewertungsfunktion. Sie dienen als Orientierungshilfe für Kunden, die gern die Meinung der Community berücksichtigen. Bieten Sie Weiterempfehlungen per E-Mail an, um zu erfahren, mit welchen Produkten Ihre Kunden hundertprozentig zufrieden sind. Starten Sie in Planungsphasen für ein neues Produkt Umfragen. Bieten Sie ausgewählte Produkte und Dienstleistungen zunächst einer VIP-Gruppe an, bevor sie in das Standardprogramm aufgenommen werden. Holen Sie sich das Feedback Ihrer VIPs – günstiger können Sie Marktforschung nicht betreiben! Stellen Sie Testversionen Ihrer Produkte in einem geschützten Bereich auf Ihrer Website vor und laden Sie aus-

gewählte Kunden zur Diskussion ein. Sie werden staunen, wie viele wertvolle Anregungen Sie erhalten.

PRAXISTIPPS: Vertriebsunterstützende Kommunikationsmaßnahmen

Richtig eingesetzt kann Unternehmenskommunikation ebenso den Vertrieb unterstützen wie Online-Tools, die den direkten Kontakt mit den Kunden erlauben. Folgende Maßnahmen bieten sich an:

- Foren und Blogs zum Austausch der Kunden untereinander und / oder zur Platzierung von Ideen: Achten Sie auf regelmäßigen Traffic und auf eine baldige Beantwortung von Kundenfragen. Tauschen sich die Kunden untereinander aus, können Sie bei Bedarf moderierend eingreifen. Sie können aber auch Diskussionen initiieren.
- Bewertungsfunktionen für Produkte: Damit diese aussagekräftig sind, sollten sie unterschiedliche Aspekte berücksichtigen, die detailliert sichtbar sind. Ein einfaches »Daumen rauf« / »Daumen runter« reicht hier nicht aus. Versetzen Sie sich in die Gedankenwelt des Kunden: Was ist für ihn wichtig? Was muss Ihre Produktentwicklung wissen, um diese Erwartungen erfüllen zu können?
- Empfehlungen lassen sich auch online generieren – Amazon macht es vor! Jeder Kunde, der sich ein Produkt angesehen hat, bekommt Empfehlungen nach dem Motto »Kunden, die das gekauft haben, kauften auch …«.
- Kundenfokus-Gruppen: Laden Sie Ihre Kunden ein und erfahren Sie in Diskussionsrunden, was an Ihrem Produkt geliebt wird und was die Anwender stört.
- Starten Sie Umfragen – kostenlose Tools wie Doodle stehen dafür im Internet zur Verfügung.
- Nutzen Sie digitale Newsletter optimal, indem Sie eine Feedback-Funktion einbauen. Damit können Leser weitere Informationen

bestellen oder direkt mit Ihnen oder einem Mitglied Ihres Vertriebsteams in Kontakt treten.

- Geben Sie bei Printprodukten immer eine Kontaktmöglichkeit an. Und: Fordern Sie aktiv dazu auf, davon Gebrauch zu machen!
- Informieren Sie Ihre Kunden über den Markt, neue Gesetze, Trends und technische Möglichkeiten. Stellen Sie Best Practice mit Ihren Produkten und Dienstleistungen vor. Zeigen Sie Ihrem Kunden so, was Sie für ihn tun können – wecken Sie Bedarf!

Unterschätztes Know-how: der Vertrieb

Niemand ist näher am Kunden als der Verkäufer

Ungehobenes Potenzial bietet oft Ihre Verkaufsmannschaft selbst. Diese steht im direkten persönlichen Kontakt mit dem Kunden – ein Status, von dem Betreiber zahlreicher Online-Shops nur träumen können. Noch näher können Sie Ihr Ohr nicht mehr am Markt haben. Denn ganz gleich, ob Sie Finanzprodukte anbieten oder B2B-Lösungen für den Maschinenbau: Im Gespräch mit Ihrem Kunden erfahren Sie, wo ihn »der Schuh« drückt, welche neuen Herausforderungen auf ihn zukommen, welche »Kittelbrennfaktoren« gerade dran sind! Vor welchen – ungeahnten? – Entscheidungen er in den nächsten Wochen steht, wo er sich geirrt hat, wo er zu vorsichtig war. Und natürlich auch, welche Pläne er aktuell schmiedet. Sie bekommen außerdem ein direktes Feedback auf Ihre Produkte, haben kostenlose Marktforschung, wenn Sie es wünschen und nutzen. Denn um mehr über die Stärken und Schwächen zu erfahren, müssen Sie Ihren Kunden darauf ansprechen.

Als wir vor drei Jahren von einem unserer Kunden gebeten wurden, der Vertriebsphilosophie einen Namen, einen

Slogan und klare Werte zu geben, entschieden wir in der Buhr & Team Akademie, nicht nur alle relevanten Führungskräfte mit einzubeziehen, sondern auch wichtige Kunden und Lieferanten zu befragen. Manchmal ist es richtige Knochenarbeit, quasi selbstverständliche Aktivitäten bewusst zu überdenken, zu reflektieren und dann neu zu verschriftlichen. Der Prozess dauerte über zehn Wochen, beinhaltete insgesamt 22 Workshops, etliche zusätzliche Meetings und am Ende eine klare Entscheidung. Alle Führungskräfte des Unternehmens haben eine Werte-Charta unterschrieben und sich somit verantwortlich erklärt. Kunden und Lieferanten kennen das Ergebnis. Es hängt prominent in der Schulungszentrale des Unternehmens – bis heute. Jeder kann es sehen – auch die Unterschriften. Und die Führungskräfte und Lieferanten haben eine Zusammenfassung davon auf dem Smartphone und als Karte in der Tasche.

Wie lässt sich der Vertrieb aktiv in die Produktentwicklung einbinden? Klassiker sind hier die strukturierte Erfassung und Bewertung des Feedbacks in den Kundengesprächen. Je besser diese ausgewertet werden, desto schneller und flexibler können Sie Ihre Produkte anpassen. Nutzen Sie dazu Formulare für Gesprächsprotokolle, die Sie Ihrem Team zur Verfügung stellen. Je einfacher diese auszufüllen sind, umso eher werden sie genutzt!

Geht es um neue Produkte, sollten Sie den Vertrieb bereits in die Entwicklung einbeziehen. Bilden Sie Arbeitsgruppen oder führen Sie Workshops durch. Interviewen Sie Ihre Top-Verkäufer. Überlegen Sie gemeinsam, welche »Basisprodukte« Sie schaffen, die Ihre Kunden dann entsprechend ihren individuellen Wünschen modifizieren können, und wie Sie diese Produkte am besten vertreiben. Denn je eher Sie den Vertrieb miteinbeziehen, umso treffsicherer werden Sie Ihre Produkte entwickeln und verkaufen. Nutzen Sie schon in dieser Phase den direkten Draht zwischen Vertrieb und Kun-

Entwicklung funktioniert nicht ohne den Vertrieb

de. Definieren Sie mit Ihrem Team Kunden, auf deren Meinung Sie Wert legen, und bitten Sie Ihre Vertriebsmitarbeiter, diese Personen aktiv zu ihren Ansichten, ihren Wünschen zu Neu- und Weiterentwicklungen zu befragen.

PRAXISTIPPS: Ihr Kunde zählt, nicht Ihr Produkt!

- Suchen Sie sich Kunden mit Umsatzpotenzial, um mehr Kenntnisse über die Schwächen und Stärken Ihres Angebots zu erlangen. Fragen Sie Ihren Kunden nach seinen Erfahrungen mit Ihrem Produkt. Ist er zufrieden? Stimmt das Preis-Leistungs-Verhältnis? Welche Modifikationen würde er sich wünschen? Hat er das Produkt weiterempfohlen oder vielleicht sogar verschenkt?

- Schauen Sie mit ihm in die Zukunft: Kann er sich ein Update, eine Ergänzung vorstellen? Welchen After-Sales-Service wünscht er sich? Gibt es Entwicklungen, die sich für ihn auf den Produktnutzen auswirken? Beispielsweise neue gesetzliche Rahmenbedingungen für die private Vorsorge? Neue Software-Angebote, die nicht mehr auf dem gekauften Betriebssystem laufen? Oder veränderte Kundenanforderungen auf seiner Seite, die mit der im letzten Jahr erweiterten Fertigungsstraße nicht realisiert werden können?

- Schlagen Sie Wege der Lösungsfindung vor: Workshops für den intensiven Austausch, Gespräche mit Produktentwicklern und anderen Kunden.

- Geben Sie Ihren Führungskräften und der Entwicklungsabteilung Feedback: Potenziale können nur genutzt werden, wenn sie bekannt sind. Spielen Sie die Informationen zurück ins Unternehmen, vielleicht als Idee für das betriebliche Vorschlagswesen.

- Bleiben Sie mit dem Kunden im Gespräch – persönlich, per E-Mail oder im sozialen Netzwerk. Zeigen Sie ihm, dass Sie an einer langfristigen Beziehung interessiert sind und nicht am schnellen Abverkauf – er wird es Ihnen mit einem Plus an Loyalität danken!

Besondere Herausforderung: Finanzprodukte

Neue, intelligente und vor allem flexible Produkte sind auch im Finanzbereich gefragt. Allerdings wissen die wenigsten Kunden, was sie wirklich brauchen, was in ihrer Lage sinnvoll ist. Wann können sie das Risiko einer Unterversorgung eingehen und ab welchem Punkt sind sie überversichert? Die Zukunft des Kunden 3.0 wird von so vielen Faktoren geprägt, dass sie nicht vorhersehbar ist. Arbeitslosigkeit kann heute jeden treffen. Der Zwang zur lebenslangen Weiterbildung wird größer. Ein Studium neben dem Beruf ist für manche der einzige Garant für die weitere Karriere.

In dieser unübersichtlichen Situation soll der Kunde 3.0 – als Privat- oder Geschäftsmann – langfristige finanzielle Entscheidungen treffen, die seine Zukunft beeinflussen. Er soll angeben, wie hoch die Rente sein muss, damit er seinen heutigen – künftigen? – Lebensstandard halten, für höhere Gesundheitskosten aufkommen und sich zudem den einen oder anderen Traum erfüllen kann. Er muss wissen, worauf er in fünf, zehn oder 15 Jahren Wert legt und von welchem – teuren – Spleen er sich bis dahin verabschiedet hat. Oder welche Extravaganzen neu hinzugekommen sind.

Die »neue Unübersichtlichkeit« bietet Chancen

Hier ist der kundenorientierte Berater gefragt. Nur gemeinsam kommen Sie der Antwort näher. Zielführende Fragen helfen, mehr über die Pläne des Kunden zu erfahren und sich einen Eindruck von dessen Bedarf zu verschaffen. Ein positiver Nebeneffekt: Je mehr Sie sich für Ihren Kunden interessieren, umso mehr Vertrauen wird er Ihnen gegenüber entwickeln. Denn Kunden wollen beraten werden. Sie machen dabei leider immer wieder die Erfahrung, dass ihre Anforderungen den Vertriebsmitarbeiter kaum bis gar nicht interessieren. So hat die Stiftung Warentest im Juli 2010 festgestellt, dass Anlageberater nicht den nötigen Perspektivenwechsel vornehmen. Sie analysieren den Kundenbedarf nicht sauber, gehen zu wenig auf individuelle Probleme ein und beraten so am Bedarf vorbei. Vor allem aber lassen sie ihre Kunden nicht zu Wort kommen.

Erfahren Sie in Social Media, was Menschen bewegt Wichtig ist es vor allem, die inneren Werte Ihres Kunden kennenzulernen. Diese treiben ihn an und veranlassen ihn zu einer bestimmten Kaufentscheidung. Ein Blick in seine Gruppenzugehörigkeiten und Diskussions-Postings bei XING oder LinkedIn, seine Facebook-Einträge und -likes, seine Fachbeiträge auf Expertenplattformen wie competence-site oder brainguide oder auf seine Twitter-Tweets kann Ihnen helfen, besser vorbereitet zu sein. Um ein wirklich dem Kunden entsprechendes Angebot zu erstellen, müssen Sie wissen, was ihn (unbewusst) motiviert. Diese Motive können auch im Vermeiden schmerzlicher Situationen ihren Ursprung haben: Es gibt immer eine Motivation »hin zu« (Freude), also Anforderungsziele, und eine Motivation »weg von« (Schmerz) und damit Vermeidungsziele. Wer nicht in die private Rente investiert, wird später arm dran sein. Wer keine Berufsunfähigkeitsversicherung abschließt, wird sich im Fall des Falles einschränken müssen.

HINTERGRUND: Social Networks für Vertriebs- mitarbeiter

Facebook: eines der größten und populärsten sozialen Netzwerke, das sich zum »Internet im Internet« entwickelt. Es wird – noch – hauptsächlich privat genutzt. Laut Facebook-Börsenbericht zählte das Netzwerk Ende 2013 1,23 Milliarden Nutzer weltweit. Doch immer mehr Unternehmen entdecken die Vorteile einer Facebook-Präsenz für Markenimage, Kundenkommunikation und Dialog. Immerhin loggen sich täglich rund 747 Millionen Nutzer ein. (Quelle: http://allfacebook.de/zahlen_fakten/q4-2013).

XING: B2B-Netzwerk zum Austausch unter Geschäftspartnern und zur Akquise neuer Kunden. Die Mitglieder können Profile einrichten, nach Personen suchen und sich Verbindungen anzeigen lassen. Über Postings in Fachforen können sie ihre Kompetenz unter Beweis stellen. Unternehmen können mit entsprechenden Firmenseiten auf sich aufmerksam machen. Im Juni 2014 waren weltweit mehr als 14 Millionen Nutzer registriert.

Google+: Kurz nach seinem Start Ende Juni 2011 verzeichnet das Netzwerk bereits gegen 20 Millionen Mitglieder. Und es gibt bereits jetzt mehr »+1«-Buttons als Twitter-Buttons im Web. Spannend kann es mit der Öffnung von Unternehmensseiten werden.

Twitter: Schneller Informationskanal für alle, die sich auf 140 Zeichen beschränken und Links zu weiterführenden Websites oder Videos einbinden können.

LinkedIn: Ähnlich wie XING, nach eigenen Angaben weltweit über 300 Millionen registrierte Nutzer. (Stand: September 2014). Produkte, die über das Unternehmensprofil beworben werden, können von den Nutzer empfohlen werden.

Branchenspezifische Netzwerke: Viele Branchen bieten mittlerweile fachspezifische soziale Netzwerke an. Dazu zählen beispielsweise energie.de für die Energiebranche oder globalSCM für die Logistikindustrie.

Wie erfahren Sie, was Ihr Kunde wirklich braucht? Und vor allem: Wie überzeugen Sie ihn davon, dass Sie das passende Produkt haben? Bringen Sie in Erfahrung, welche finanziellen Vorsorgemaßnahmen Ihr Kunde bereits getroffen hat. Fragen Sie ihn, wie er in zehn, zwanzig oder dreißig Jahren leben will. Erkundigen Sie sich nach Lücken in der Vorsorge. Machen Sie eine Diagnose, um ein passgenaues Angebot erstellen zu können. Finden Sie dabei heraus, welche finanziellen Möglichkeiten er hat. Wenn Sie all das wissen, können Sie seinen Bedarf entsprechend analysieren und Lösungswege aufzeigen.

CHECKLISTE: Mit diesen Fragen lernen Sie Ihren Kunden besser kennen (Beispiel Finanzberatung)

Wie hoch ist Ihr Lebensstandard aktuell? Welche Einnahmen haben Sie? Welche Ausgaben? Welchen Betrag möchten Sie monatlich investieren?	❏
Welche Investments / (Lebens-)Versicherungen haben Sie bereits abgeschlossen?	❏
Welche Ziele verfolgen Sie damit? Welche Wünsche und Träume wollen Sie im Alter verwirklichen? Bis wann soll es so weit sein?	❏
Wie wollen Sie Ihr Leben in den nächsten fünf, zehn Jahren ändern? (Durch Heirat, eigene Kinder, einen beruflichen Wechsel, … was stellen Sie sich genau vor?)	❏
Wie wichtig ist Unabhängigkeit/Selbstbestimmung / Freiheit für Sie?	❏
Was bedeutet Sicherheit für Sie und Ihre Familie?	❏
Welche Absicherung halten Sie für notwendig?	❏
Und was ist Ihnen das (am Tag) pro Monat wert?	❏

Der Kunde 3.0 will seine Wertvorstellungen in den Marken und Produkten wiederfinden, mit denen er sich umgibt. Das bedeutet, dass Sie sich von Standards verabschieden und deutlich häufiger weitergehende »customized solutions« anbieten müssen als bisher.

Und das heißt für Sie im Vertrieb konkret:

1. Entwickeln und bieten Sie Produkte an, die sich an Kundenwünsche anpassen lassen, die in Auflage »1« ebenso umsetzbar sind wie in Auflage 100 oder 1000.

2. Bleiben Sie mit Ihrem Ohr »auf der Schiene«. Nutzen Sie alle Möglichkeiten, um mit Ihren Kunden in den Dialog zu treten – das persönliche Gespräch ebenso wie Facebook und andere soziale Netzwerke.

3. Fragen Sie Ihren Kunden nach seiner Meinung zu Ihrem Produkt und Ihren Leistungen – in der Entwicklungsphase, in der Angebotsphase und bei der Produktweiterentwicklung.

4. Setzen Sie sich und Ihren Mitarbeitern klare Ziele. Definieren Sie, wofür Sie und Ihre Produkte stehen, was Sie damit erreichen wollen und wann Sie die Ziele umgesetzt haben möchten.

5. Achten Sie auf Ihre Kundenbeziehungen! Schneller Abverkauf ist out. Erfolg hat, wer auf langfristige Kundenbetreuung setzt.

Mehr Informationen, Unterlagen und Videos zum Kapitelschwerpunkt »Der Kunde 3.0« finden Sie auf:

⇨ www.vertrieb-geht-heute-anders.com

3. KAPITEL

VERTRIEB GEHT HEUTE ANDERS ...

... weil Vertrieb immer und überall stattfindet: In der Welt 3.0 gibt es keine vertriebsfreie Zone mehr – Vertrieb 24 / 7

> In diesem Kapitel lesen Sie, was Vertrieb 24 / 7 bedeutet: zu jeder Zeit, an jedem Ort, über jeden (digitalen) Kanal lassen sich Menschen erreichen. Wir hinterfragen, welche Möglichkeiten Ihnen Social Media im Vertrieb bieten – und was davon wirklich nützlich ist.

Vertrieb B2B oder B2C ist immer und wird immer bleiben: ein Geschäft unter Menschen. Menschen machen mit Menschen Geschäfte für Menschen! Menschen kaufen von Menschen! Und daher ist es gut und wichtig, dass Sie als Vertriebsmitarbeiter möglichst viel über Ihre Kunden, Ihre potenziellen Käufer wissen.

Wissen Sie, wo Ihr Geschäftspartner studiert hat? Welche Hobbys er ausübt? Welche Musik er hört und welche Cafés er bevorzugt? Nein? Dann sind Sie selbst schuld! Mit dem Web 2.0, mit der Einführung der Smartphones und vor allem mit der Lebensweise der Kunden 3.0 stehen Ihnen individu-

Der Kunde 3.0 ist mitteilsam

elle, private, sehr persönliche Informationen über Ihre Kunden zur Verfügung. Informationen, die jeden Verbraucherschützer das Fürchten lehren. Allerdings legt niemand im Stillen Profile an. Der Kunde 3.0 teilt sich freimütig dem Rest der Welt mit – und damit auch Ihnen! Er stellt seine Daten aus eigenen Stücken zur Verfügung – wohl wissend, dass seine Angaben fleißig für Marketingzwecke genutzt werden.

HINTERGRUND: Check-in- und Location-Dienste

Wer ist wann wo? Diese Frage beantwortet der Kunde 3.0 mithilfe sogenannter Check-in-Dienste. Gaststätten, Flughäfen und andere Dienstleister und Unternehmen lassen sich bei solchen Diensten registrieren. Betritt nun ein Besucher diesen Ort, kann er sich mit seinem Smartphone oder Laptop über einen Klick auf einen entsprechenden Button »einchecken« und teilt so seinen Freunden in den sozialen Netzwerken mit, wo er sich befindet.

Die Location-Dienste funktionieren etwas anders. Hier handelt es sich um mobile Dienste, die dem Kunden aufgrund von positionsbasierten Daten Angebote unterbreiten oder Informationen zur Verfügung stellen – wie beispielsweise Sehenswürdigkeiten in der Nähe.

Die Daten lassen sich auch für neue Location Based Social Networks nutzen. Ähnlich wie bei den Check-in-Diensten können Freunde in sozialen Netzwerken nachvollziehen, wo sich der User gerade befindet.

Beispiel Foursquare: Menschen teilen dank des Check-in-Dienstes ihren Freunden mit, wo sie gerade sind. Dazu wurden deutschlandweit etwa 100 000 sogenannte Foursquare-Orte registriert – also durchschnittlich alle 300 Meter einer. ⇨ https://de.foursquare.com/

Gaststätten, Cafés, Unternehmen, Kaufhäuser, Bahnhöfe oder Züge – sie alle sind erfasst. Und der Kunde 3.0 erzählt seinem Netzwerk freiwillig, wo er sich gerade aufhält. Und **Wo bin ich und was gibt es dort?** noch viel mehr: Er gibt Kommentare ab, hinterlässt Empfehlungen zu bestimmten Orten, warnt andere vor überhöhten Preisen und superscharfen Currywürsten. Oder er lobt den Service einer Location. Damit betreibt er Empfehlungsmarketing innerhalb seines Freundeskreises. Jeder, der sich für den Dienst entschieden hat, verrät damit, wann er wo ist. Und dies nicht nur auf der Foursquare-Seite des registrierten Ortes, sondern ebenso im eigenen Foursquare-Profil. Je nach Einstellung werden diese Informationen auch über Twitter und Facebook weitergegeben.

Erste Unternehmen nutzen dies bereits für Marketingzwecke. Beispielsweise die niederländische Fluggesellschaft KLM. Unter dem Motto »KLM surprise« startete sie eine ortsbasierte Kampagne für ihre Fluggäste, die sich während ihrer Wartezeit am Flughafen über Foursquare an einem »KLM-Ort« eincheckten. KLM-Mitarbeiter überwachten während der Kampagne sämtliche Check-ins, suchten die entsprechenden Passagiere auf und überreichten ihnen ein Geschenk. Das Besondere: Die Fluggäste wussten nichts von der Kampagne und waren freudig überrascht.

Foursquare ist nicht der einzige Check-in-Dienst im Web 2.0. Facebook bietet mit Facebook Places Ähnliches an. Dabei kann der User in seinem Posting bewusst angeben, in welchem Ort oder Restaurant er sich gerade aufhält und diese Information zudem mit den Namen seiner Begleitung verknüpfen.

Chance für den Vertrieb: Check-in-Dienste für Marktforschung und Kundenbindung nutzen

Noch werden Check-in-Dienste in Deutschland eher zurückhaltend verwendet. Deutschlandweit etwa 20 000 Menschen, so der Medienpädagoge Thomas Pfeiffer, nutzten den Dienst im Sommer 2010 (http://tomro.se/foursquare-nutzerzahlen-deutschland/). Foursquare gibt die Zahl der internationalen Nutzer mit sieben Millionen an – Stand Februar 2011. Damit werden die Möglichkeiten der Check-in-Dienste kaum ausgeschöpft, obwohl sie den Inhabern der registrierten Orte zahlreiche Vorteile bringen. Der Nutzen für die User bleibt zurzeit recht übersichtlich, hier liegt noch viel Potenzial. So bietet erst ein kleiner Prozentsatz der registrierten Orte den Foursquare-Nutzern ein Special Offer. Diese Angebote stammen meist aus der Gastronomie: Freigetränke nach zehn Check-ins oder eine Coffee-Flat für denjenigen, der das Café in den letzten zwei Monaten am häufigsten besucht hat. Potenzial gibt es auch bei den Nutzungen: An jedem zweiten Ort war laut Thomas Pfeiffer bis Mitte des Jahres 2010 noch niemand, an 8600 Orten haben sich drei oder mehr unterschiedliche Menschen eingecheckt, mehr als 20 waren es an 2600 registrierten Plätzen und über 30 an 1500 Orten. Und dies, obwohl Deutschland mit Foursquare-Orten übersät ist: Durchschnittlich alle 300 Meter können sich die Nutzer theoretisch einchecken!

Doch das wird sich wohl bald ändern. Mit der zunehmenden Verbreitung der Smartphones werden voraussichtlich immer mehr Menschen ähnliche Dienste nutzen, um sich mitzuteilen. Wie können Sie im Vertrieb davon profitieren? Foursquare und ähnliche Check-in-Dienste eignen sich als Marktforschungsinstrumente: Unternehmen können den Dienst nutzen, um Feedback auf das eigene Angebot zu erhalten und dieses dann bei Bedarf besser auf die Kundenwünsche anzupassen. Dazu teilen Ihnen Foursquare und andere Dienste nicht nur mit, dass sich jemand bei Ihnen eincheckt. Sie sehen auch, welche Angebote er angenommen hat. Auf Ihrer Foursquare-Site können Sie nachlesen, wie es den Besuchern bei Ihnen gefallen hat, was sie vermissen oder wovon sie abraten. Oder eben auch, was sie empfehlen. Und Sie können diese Kommentare zum Anlass nehmen, mit den Usern das Gespräch zu suchen, sie aktiv darauf anzusprechen, was Sie verbessern können. Unternehmen, die sich als Foursquare-Ort registriert haben, bekommen ein ungeschöntes Feedback auf ihr Angebot. Und dies auch dann, wenn kein Dankeschön winkt. Wie ungeschminkt die Kommentare der User ausfallen, muss unter anderem die Bahn erleben, die harsche Kritik für den Dortmunder Bahnhof bekommt. ⇨ http://foursquare.com/venue/359698

Zudem eröffnet der Check-in-Dienst neue Möglichkeiten für Bonus-Systeme und Rabattaktionen – mit einem durchdachten Mehrwert können so aus Kunden Stammkunden werden. Der Service bietet die Chance, mit Kunden in direkten Kontakt zu treten, so wie es das Beispiel KLM zeigt. Oder die Betreibergesellschaft des Frankfurter Flughafens, fraport: Dort bekommen eingecheckte User eine Begrüßungs-Mail. So hofft der fraport auf eine bessere Kundenbindung. Ein anderes Beispiel: Schnäppchen auf der mobilen Coupon-Plattform Coupies: Hier findet der Kunde etwa in der Kategorie »Familie & Kinder« eine Babywalz-Filiale in seiner Nähe. Er schaut sich die verfügbaren Coupons an und löst dann den virtuellen Gutschein an der Kasse im nächstgelegenen Store ein.

Ein Mittel der Kundenbindung

Mobiles Marketing auf dem Vormarsch

Ermöglicht wird der »virale Erfolg« aller Social-Media- und Check-in-Dienste ebenso wie des mobilen Marketings durch die Entwicklung und inzwischen massenhafte Verbreitung der Smartphones. Spätestens seit Apple das iPhone auf den

HINTERGRUND: So schnell verbreiten sich soziale Netzwerke

Nach dem US-Buchautor Erik Qualman (»Socialnomics«) brauchte das Radio 38 Jahre, um 50 Millionen Hörer zu gewinnen. Das Fernsehen setzte sich in 13 Jahren durch, das Internet in vier. Nur Facebook war schneller: Das Netzwerk brauchte weniger als ein Jahr, um 100 Millionen Menschen zu erreichen (Quelle: absatzwirtschaft, Sonderheft 2010). Im Sommer 2010 wurde die 500-Millionen-Mitglieder-Grenze durchbrochen und nur ein halbes Jahr später die Schwelle zu 600 Millionen Mitgliedern. Bei Redaktionsschluss dieses Buches waren weitere rund 25 Millionen Accounts dazugekommen.

Doch auch hier ist kein »ewiges Wachstum« möglich. In den USA hat Facebook, dort noch vor Google die meistgesuchte Website überhaupt, beispielsweise im Frühjahr 2011 schon sechs Millionen aktive Nutzer verloren.

⇨ http://www.insidefacebook.com/

Markt gebracht hat, wird nicht mehr nur telefoniert und gesimst. Besitzer von Smartphones aller möglichen Anbieter und von Tablet-PCs wie iPAD, GalaxyPad, Idea Pad, Xoom, Streak, um wirklich nur einige zu nennen, kommunizieren auf allen Kanälen. Smartphones verbinden Handy- und Internetkompetenz. Niemand ist mehr gezwungen, seine E-Mails am PC oder Laptop zu lesen – das Handy reicht. Kurz vor dem Termin mit dem neuen Geschäftspartner noch schnell dessen XING-Profil ansehen? Oder dessen Foren-Beiträge auf Relevanz für das aktuelle Angebot prüfen? Eben schnell nachschauen, welche Probleme des Unternehmens in den digitalen Foren diskutiert werden, und daraus den »Kittelbrennfaktor« für den Verkauf einer Lösung entwickeln? Alles kein Problem!

Genau dies macht die neue Technik für den Vertrieb so interessant: Verkäufer sind immer auf dem neuesten Stand, erfahren mehr über die Gesprächspartner und können sich somit besser auf Verkaufsgespräche vorbereiten. Und dies ohne lange Recherche, ganz einfach und ohne hohe Zeitinvestition – dank entsprechender Dienste wie www.google.com/blogsearch oder http://search.twitter.com.

HINTERGRUND: Mobile Marketing

Mobile Marketing nutzt mobile Endgeräte wie Smartphones, um Verbrauchern und Geschäftskunden Leistungen wie Informationen, Rabatte usw. anzubieten. Auch digitale Inhalte wie Spiele, Songs oder Videos gehören dazu. Oder die Möglichkeit, via Handy zu zahlen. Ziel ist es, Aufmerksamkeit zu erregen und so im Idealfall einen Verkaufsabschluss zu erzielen.

Smartphones sind weiter im Kommen

Genau diese Möglichkeiten und das Generationen übergreifende Interesse dürften dazu führen, dass die Verbreitung von Smartphones rasant zunimmt. Im Jahr 2010 setzten bereits elf Prozent der Deutschen auf diese neue Handygeneration. Einige von ihnen – die sogenannten Smart Natives – sind so begeistert, dass sie sich ein Leben ohne Smartphone kaum noch vorstellen mögen: 49 Prozent von ihnen sind fast immer online, um ja nichts zu verpassen und um ihre Community über alles zu informieren, so die Studie Go Smart 2012.

Ein wahrer Glücksfall sind Smartphones aber nicht nur für die Nutzer und die Telekommunikationsanbieter. Die neue Technologie öffnet dem Vertrieb ganz unterschiedlicher Branchen unerhörte Chancen, die vor einigen Jahren unvorstellbar waren und in Zukunft noch weiter ausgebaut werden. Das Schöne daran: Jeder kann profitieren, der Einzelhandel genauso wie die Immobilienbranche, Finanzdienstleister ebenso wie Medien oder Touristiker.

Smartphone sei Dank: Neue Vertriebschancen mit Augmented Reality

Augmented Reality: Mit dieser computergenerierten Erweiterung unserer Sinneswahrnehmung erhält die »reale Welt Untertitel«, so treffend beschreibt es Bernhard Jodeleit in seinem Buch »Social Media Relations«.

HINTERGRUND: Augmented Reality

Augmented Reality bezeichnet eine erweiterte Realität. Dabei wird die reale Welt mit einer vom Computer erzeugten Wirklichkeit kombiniert. Es entsteht eine »Mixed Reality«, in der Informationen aus beiden Welten verfügbar sind. Ziel ist es, dem Anwender über seine realen Eindrücke hinaus Zusatzinformationen mit einem klaren Bezug zur aktuellen Wahrnehmung bereitzustellen. Zwischen dem, was er sieht und hört, und dem, was er aus dem Smartphone erfährt, besteht eine Echtzeit-Interaktion. Das heißt: Die Informationen beispielsweise zur Dresdner Frauenkirche stehen in dem Moment zur Verfügung, in dem der Anwender sein Smartphone vor die Kirche hält.

Die Anwendungsmöglichkeiten sind unendlich und wachsen ständig, auch im Vertrieb und Verkauf. Man muss sich das vorstellen: Produkte und Leistungen bieten sich quasi von selbst an – und erläutern sich selbst.

Unzählige Anwendungen für Augmented Reality

Wohnungssuchende lassen sich Informationen über frei stehende Wohnungen anzeigen, während sie daran vorbeigehen. Autos verraten uns, weshalb sie liegen geblieben sind und was repariert werden muss. Produkte erzählen uns etwas über ihre Herkunft, ihr Innenleben und den Preis. Klassische Medien wie Zeitschriften verwandeln sich in interaktive Kommunikationskanäle, indem etwa bei Interviews die Antworten als Sprechblasen auf dem Display des Smartphones erscheinen, wenn es über die Fragen in der gedruckten Ausgabe gehalten wird – das SZ-Magazin hat dies bereits erprobt. Genauso sind Lösungshilfen für Kreuzworträtsel denkbar, die bei Bedarf auf dem Handy erscheinen. Schummeln mit dem Mobiltelefon – heute kein Problem mehr.

Shiseido bietet die Möglichkeit, Make-up zu testen, ohne dass die Interessentin es sich kaufen muss. Eine Gesichtserkennung macht es möglich: Die Kundin wählt einfach die gewünschten Produkte aus, lässt sich mit diesen virtuell schminken und kann das Ergebnis kritisch im »Cosmetic Mirror« betrachten.

Interaktiv schminken, lesen, trainieren …

⇨ http://www.basicthinking.de/blog/2010/03/16/augmented-reality-im-schminkkoffer-shiseido-praesentiert-den-digital-cosmetic-mirror/

Auch das Anprobieren von neuen Kleidungsstücken geschieht immer öfter virtuell. Direkten Nutzwert bietet ebenfalls Adidas mit »Micoach«, einem interaktiven, persönlichen Trainingsservice, für seine Kunden an.
⇨ http://www.adidas.com/de/micoach

Realisiert wird dieser über eine Website und Software für das Smartphone. Werte wie beispielsweise Herzschlag oder Blutdruck werden beim Laufen gemessen und an das System übermittelt. Dieses gibt dem Läufer dann Tipps und Trainingsanweisungen. Und laufen kann man mit seinem persönlichen Idol.

Die Augsburger Allgemeine hat ihre Leser zu einem ganz neuen Zeitungserlebnis eingeladen: Als erste Regionalzeitung hat sie am 24. Februar 2011 eine komplette Beilage in

3-D – eine neue Dimension

3-D herausgebracht. Auf 32 Seiten können sich die Leser mithilfe einer 3-D-Brille die abgebildeten Fotos, Grafiken und Anzeigen dreidimensional ansehen. Passend zu dieser Ausgabe wurde Sven Gábor Jánszky interviewt.

⇨ http://www5.azol.de/online-verlag//blaetterkatalog/ 3d/3D/blaetterkatalog/

Keine Seltenheit mehr sind 3-D-Fernseher. Auch sie bieten eine ganz neue Kommunikationsmöglichkeit mit den Kunden. Lassen Sie Ihr Produkt doch einmal »begehbar« werden. Oder setzen Sie 3-D-Filme im Verkaufsgespräch ein, zum Beispiel bei Gewerbeimmobilien: Pläne sind ja gut und schön, aber weshalb nicht einmal durch das Lager oder die Halle schlendern?

Seit Langem ist Augmented Reality beim Militär im Einsatz, in neuerer Zeit zunehmend bei der Wartung komplizierter Maschinen aus unterschiedlichen Bereichen und vor allem in der Medizin, beispielsweise bei Operationen. Über spezielle Brillen erhält hier der operierende Arzt beziehungsweise der Techniker wertvolle Zusatzinformationen, die er für seine optimale Leistung braucht. Ähnlich wie der Terminator im Kino. Und genau darum geht es bei Augmented Reality: um die Erweiterung der Realität mit konkretem Nutzen. Terminator-like auch: die Entwicklung von Linsen, mit denen Zusatzinfos auf das Auge gespiegelt werden.

Neuer Vertriebsweg dank »Sesam, öffne dich«

Zur Augmented Reality gehört natürlich auch das Shoppen mit dem Smartphone: Wenn jemand sich aufgrund von virtuellen Werbeangeboten und Zusatzinformationen zum Kauf entscheidet, ist der »buy« nur noch einen Tastendruck entfernt. Hier geht die Deutsche Post DHL neue (Vertriebs-) Wege. Offline auswählen und online bestellen – ohne PC:

Dies ist das Rezept, mit dem die Deutsche Post ihre Shopping-Plattform MeinPaket.de pushen will. Dazu hat sie ein eigenes, interaktives Kundenmagazin entwickelt, speziell für Menschen, die das Internet eher scheuen. Das Prinzip gleicht dem 2-D-Barcode, basiert aber auf dem interaktiven Dienst CLIC2C. Hier dient ein Wasserzeichen dem »Sesam, öffne dich« zur digitalen Welt: Hält einer der erhofften 300 000 Leser sein Smartphone, das mit der entsprechenden App versehen ist, vor das Bild seiner Wünsche, öffnet sich die Online-Plattform. Die gedruckten Inhalte des Magazins verwandeln sich in dynamische Multimediainhalte und das Shopping-Vergnügen kann beginnen.
⇨ www.deutschepost.de

HINTERGRUND: CLIC2C

Der interaktive Dienst verwandelt gedruckte Informationen in Zeitungen, Katalogen, auf Postern oder Verpackungen in bewegliche Multimediainhalte. Diese werden mit dem Smartphone visuell umgesetzt. Dazu setzt man die Wasserzeichentechnologie MAD (Marcas de Agua Digital) ein. Die Wasserzeichen können beispielsweise mit Audiobeiträgen, Videos oder Bildern erweitert werden.

Auch Fiat setzt auf diese Technologie – beziehungsweise lässt sie von dem Dialogmarketing-Dienstleister Meiller Direct einsetzen. Leser der Autozeitung können dank CLIC2C mit dem Handy interaktiv Probefahrten vereinbaren oder Videos zur Anzeige abrufen.
⇨ www.onetoone.de/Meiller-Direct-Fiat-nutzt-
    CLIC2C-18652.html

Die neuen Möglichkeiten verändern auch die Welt des Handels. Denn um im zunehmenden Wettbewerb der Anbieter im Online- und Offline-Handel zu bestehen, müssen Händler sich immer mehr einfallen lassen. Dazu gehören die beinahe schon gängige Kombination von stationärem Handel und Online-Shop, die Präsenz in sozialen Netzwerken, aber auch der Einsatz von Augmented Reality. Künftig muss der Handel Kunden dort ansprechen, wo sie sich bewegen – im Zweifel auch mitten in der City. Informationen, Orte und Angebote sind mit Blick auf den potenziellen Kunden intelligent zu verknüpfen. Smartphone-User müssen vor dem eigenen Schaufenster mit tollen Angeboten überrascht werden. Die Augmented Reality verwandelt sich so in Augmented »Retaility«, den erweiterten Handel.

Einsatzmöglichkeiten bietet diese Entwicklung nicht nur im Kontakt mit Endverbrauchern, sondern auch im B2B-Segment. Auf Fachmessen lassen sich Zusatzinformationen am Messestand abrufen, beispielsweise 3-D-Animationen von Nutzfahrzeugen und Maschinen, die – aus Platzmangel etwa – nicht ausgestellt werden können (acquisa 11 / 2010). Medizin und Maschinenbau sind – wie berichtet – ein weiteres großes Anwendungsfeld. Wie groß der Markt für Augmented Reality ist, zeigt die Einschätzung von Juniper Research. Bis 2014 werden demnach insgesamt 732 Millionen US-Dollar Umsatz mit Augmented Services erwirtschaftet (Trendbüro: Thesenblatt »Augmented Retaility«).

Augmented Reality und Location Based Services

Dank Smartphone wird Augmented Reality massentauglich. Beispiel Location Based Services: Über positionsabhängige Daten werden Usern selektive Zusatzinformationen angeboten. Preise eines Produkts erscheinen direkt auf dem Handy – ebenso wie die Routenbeschreibung zum günstigeren Anbieter. Mithilfe eines Ampelsystems lässt sich erkennen, ob das Produkt dem eigenen Lebensstil und den Anforderungen entspricht.

Daraus sind neue Verkaufsstrategien ableitbar:

- Virtuelle Werbeflächen in Flughäfen und Bahnhöfen, aber auch auf Fachmessen zeigen Sonderangebote speziell zu diesem Point of Sale, diesem Event.

- Personalisierte Angebote, die die vom Smartphone übermittelten Informationen berücksichtigen, etwa das Geschlecht oder das ungefähre Alter, stellen sicher, dass Menschen wirklich die Informationen bekommen, die für sie nutzbringend sind.

- Umfangreiche Zusatzinformationen zu Hightech-Geräten, virtuelle Rundgänge durch Logistikhallen, 3-D-Ansichten von Nutzfahrzeugen und Pkw – alles ist möglich.

- Produktvergleiche im Supermarkt werden dank Augumented Reality bald einfacher. Kunden können mit ihrem Smartphone zusätzliche Informationen zu den Artikeln abrufen oder sich die Unterschiede zu anderen Angeboten anzeigen lassen. Spezielle Technik macht es heute schon möglich, sich den Inhalt einer Verkaufsverpackung zeigen zu lassen. Lego arbeitet bereits damit: Der Kunde hält die Verpackung einfach vor das Gerät, das an einen Spiegel erinnert, und schon sieht er das begehrte Lego-Produkt. Zusammengefügt, versteht sich.

- Mit dem Smartphone lassen sich auch Prospekte anschauen. Werden diese mit Google Maps verknüpft, kann sich der Kunde alle Filialen einer bevorzugten Handelskette in der Umgebung anzeigen lassen und sich digital durch die Sonderangebote blättern. Dabei kann er Favoriten anlegen oder die Prospekte nach Branchen sortieren. Der Handel profitiert dabei mehrfach: Er bekommt vom Anbieter dieses Dienstes die Information, wer welche Prospekte wie lange angeschaut hat.

⇨ http://meedia.de/internet/warum-axel-springer-kaufda-kauft/2011/03/02.html

Der Markt wächst. Bisher nutzen nämlich nur 11 Prozent der Deutschen ein Smartphone. Bis 2012 werden es mindestens 22 Prozent sein, so die »Go-Smart-Studie 2012« aus dem Jahr 2010, die von Google, der Otto Group, TNTS Infratest und dem Trend Büro durchgeführt wurde. Christoph Wenk-Fischer, Hauptgeschäftsführer des Bundesverbands des Deutschen Versandhandels, geht sogar von 25 Prozent bis 2012 aus. Fünf Prozent der Produkte im Online-Handel werden seiner Prognose nach in fünf Jahren über Apps verkauft (»Auf allen Kanälen«, Textil Wirtschaft 19/11, S. 44).

Vielfältige Informationen über Bar- und QR-Codes

Mit den neuen Möglichkeiten ändert sich auch das Nutzungsverhalten. Smartphones werden künftig vermehrt zum Mobile Shopping verwendet. Die Vorreiter dieser Entwicklung sind bereits heute aktiv: 22 Prozent der Smartphone-Nutzer rufen Produkteigenschaften über das mobile Internet ab. 20 Prozent besuchen mit ihrem Smartphone Preisvergleichsseiten, 15 Prozent vergleichen damit die Preise lokaler Anbieter. Und zehn Prozent setzen den Barcodescanner ihres Smartphones aktiv ein, um Zusatzinformationen zu Anzeigen oder Zeitschriftenartikeln zu bekommen – oder auch über das Produkt, das sie sich gerade im Store ansehen: Weshalb das Notebook erst liegen lassen, um zu schauen, ob es nebenan günstiger ist? Oder umständlich nach einem Verkäufer suchen, der – vielleicht – die gewünschten Informationen hat? Im Barcode ist alles Wichtige enthalten.

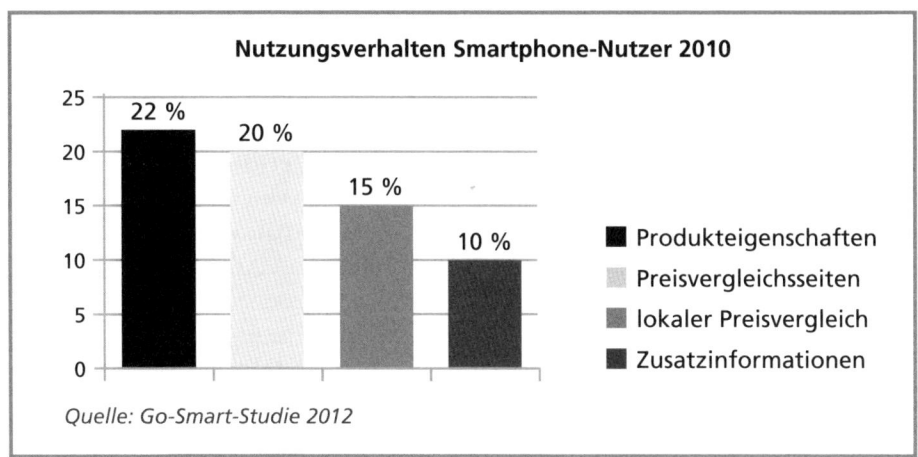

Nutzungsverhalten Smartphone-Nutzer 2010

- Produkteigenschaften
- Preisvergleichsseiten
- lokaler Preisvergleich
- Zusatzinformationen

Quelle: Go-Smart-Studie 2012

Apps: Kleine Programme für größeren Konsum

Auch Applikationen, also kleine Programme für das Smartphone, werden für ein Plus an Vertriebserfolg eingesetzt. Leserinnen der Modezeitschrift Glamour haben so jederzeit ihre persönliche und kostenlose Stilberatung: Nach dem Upload eines Fotos bewerten Profi-Stylisten, ob das gewählte Outfit zum Anlass passt, und geben gleich noch Tipps, wie es kombiniert werden kann.

Auch im B2B-Segment setzen sich Apps durch – und dies auch im Vertrieb. So nutzt beispielsweise ein Modegroßhändler aus München eine App, mit der Vertriebsmitarbeiter den Lagerbestand von Kleidungsstücken abrufen können. Der Vorteil: Der Verkäufer kann im Kundengespräch sowohl Stückzahl als auch Liefertermin verbindlich nennen – was ihn zum einen zuverlässiger macht, zum anderen aber auch beim Verkaufsabschluss unterstützt. Denn der Lagerbestand ändert sich bisweilen minütlich. Sobald der Kunde zugestimmt hat, gibt der Vertriebsmitarbeiter die Information über die App

weiter – die Ware gilt als verkauft und der Warenbestand
wird aktualisiert.

⇨ http://www.computerwoche.de/wittes-welt/2352694/

Lufthansa bietet via App einen After-Sales-Service an. Reisende können mit ihrem Smartphone digital einchecken, erhalten einen papierlosen Boarding-Pass und alle Informationen rund um den Flug.

Überall online
informieren,
kaufen, bezahlen

Mit dem Smartphone ist also die lückenlose Verbindung zwischen Inspiration, Information und After Sales möglich. Wer
mag, kann mit dem Handy sogar bezahlen. Bargeld und Kreditkarten könnten bald der Vergangenheit angehören. Denn
mithilfe des Smartphones könnten demnächst mobile Bezahldienste die Oberhand gewinnen. Mastercard testet zurzeit beispielsweise Funkchips, die das Bezahlen per Handy
erlauben. Der Kunde hält sein Handy an ein Ladegerät, gibt
seine PIN ein – und schon ist das Produkt bezahlt.

⇨ http://www.wiwo.de/technik-wissen/galerien/welche-
techniken-bis-2020-verschwinden-1501/6/kreditkarten.
html

Hoppenstedt, einer der bekannten Anbieter von Wirtschaftsinformationen, gibt seit 2010 Bonitätsauskünfte via App. Interessierte können Daten von über 4,5 Millionen deutschen
Unternehmen abrufen und so die Bonität ihrer Geschäftspartner vor oder auch nach einem Gespräch prüfen. Und auf
Basis des Boni-Index und der umfangreicheren PDF-Datei
entscheiden, ob sich weiteres Engagement lohnt.

⇨ http://www.hoppenstedt360.de

Das Smartphone –
dein Freund
und Helfer

Das Smartphone hat einen festen Platz in unserem Leben
eingenommen. Wir bedienen es so selbstverständlich wie
früher das Telefon mit Wählscheibe. Nur dass es uns mehr
Funktionen bietet. Neulich auf dem Weg von Garmisch nach
München zum Flughafen im Mietwagen, der ohne funktio-

nierendes Navigationssystem auskommen musste, half mir und meinem Kameramann Stephan das Smartphone gleich mehrfach, den besten Weg zu finden. Google Maps lieferte die Grundlage. Wir dirigierten den Fahrer auf Nebenstrecken an allen Staus vorbei, verabschiedeten uns eilig und saßen endlich im Flieger. Die Hektik hätten wir uns sparen können: Dank Schnee und Eis warteten wir drei Stunden. Gegen ein Uhr nachts kam der Flieger wieder am Hangar zum Stehen. Und auch wir standen da – ohne Fahrer, ohne Auto. Die App »around me« half uns, alle Taxifahrer im Umkreis zu finden. Das war notwendig, waren wir doch umgeben von hektischen Passagieren, unwissenden Flugbegleitern und geschlossenen Mietwagenstationen. Hotels und Taxizentrale waren ebenso Fehlanzeige.

Dank der richtigen Wahl der passenden App machten wir noch einen wachen Fahrer ausfindig und fuhren gegen ein Uhr dreißig los. Von München nach Düsseldorf – im Taxi! Der vereinbarte Notartermin konnte um neun Uhr pünktlich stattfinden.

HINTERGRUND: So nutzen Kunden ihr Smartphone heute

Wie groß der Markt der unbegrenzten Möglichkeiten ist, zeigen unter anderem folgende Zahlen aus der bereits erwähnten Studie zur Smartphone-Nutzung:

- 75 Prozent der Handybesitzer verlassen das Haus nicht ohne ihr Gerät.
- 48 Prozent der Befragten nutzen ihr Smartphone, um Pausen – beispielsweise Wartezeiten bei der Bahn – zu überbrücken.
- 3 500 000 Nutzer riefen beispielsweise 2010 die Castingshow »Deutschland sucht den Superstar« per Smartphone ab – dies sind 20 Mal mehr als 2009.

- 71 Prozent der Smartphone-Besitzer sind sich sicher, dass sie künftig noch häufiger mobil ins Internet gehen werden.
- 99 Prozent sind von den Vorteilen des mobilen Internets überzeugt.
- 55 Prozent der Smartphone-Besitzer nutzen Suchmaschinen mobil genauso intensiv wie vom stationären PC aus.
- Nützliche Informationen wie Staumitteilungen, Fahrpläne oder Aktienkurse werden von knapp jedem dritten Smartphone-Besitzer genauso oft mobil wie stationär abgerufen.
- 30 Prozent der Befragten, die sich bis 2012 ein Smartphone anschaffen möchten, begründen dies unter anderem mit Social-Media-Anwendungen wie Facebook und Twitter.

(Quelle: Go-Smart-Studie 2012)

Vertrieb in Social Networks

Nicht alle Aktivitäten auf Facebook tragen automatisch zu einem besseren Unternehmensimage bei. Selbst dann, wenn es zur gewünschten Umsatzsteigerung kommt. Doch lautet die Frage heute nicht mehr, ob Social Media stattfindet, sondern wie. Denn Produkte und Dienstleistungen, die heute online angeboten werden, erwartet der Kunde morgen mobil. Als Endverbraucher und als Geschäftskunde. Die Grenzen zwischen diesen Zielgruppen verschwimmen immer mehr – wie auch die zwischen realer und virtueller Welt.

Bereits heute ist die Präsenz auf Facebook, XING, LinkedIn und in anderen sozialen Netzwerken entscheidend. Das Forschungsinstitut YouGov Psychonomics hat in der Studie »Social Media im Finanzdienstleistungsmarkt« aus dem Jahr 2010 die Wirkung von Präsenzen der Branche in Netzwerken, Foren, Videoportalen oder Micro-Blogging-Diensten untersucht. Und siehe da: Wer sich für Finanzprodukte interessiert, nimmt die Aktivitäten von Banken oder Versicherungsdienstleistern überdurchschnittlich häufig wahr. Vor allem die Beiträge von Banken bleiben demnach häufiger im Gedächtnis.

Das Kölner Institut für Handelsforschung (IfH) wies nach, dass die im Internet veröffentlichten Kommentare Kaufentscheidungen beeinflussen. Wichtig ist dabei vor allem die Meinung Gleichgesinnter. Eine Sicht, die Malte Krüger, Leiter des Deutschland-Geschäfts von Mobile.de, teilt. Er hat die Erfahrung gemacht, dass gerade beim Autokauf soziale Netzwerke aufgrund ihres Empfehlungscharakters eine immer größere Rolle spielen (Handelsblatt, 18.11.2010). Auch die Otto-Tochter Smatch.com erlebte, dass die Empfehlung durch Freunde im Social Web die Kaufwahrscheinlichkeit erhöht und die Retouren minimiert (Handelsblatt, 18.11.2010, S. 28).

Auf die Empfehlung Gleichgesinnter kommt es an

Die kanadische Marketingfirma Syncapse rechnete aus, dass Facebook-Fans einer Marke im Schnitt jährlich 60 Euro mehr für Produkte ausgeben als gewöhnliche Nutzer (Wirtschaftswoche, 15.11.2010). Hand aufs Herz: Überrascht Sie das? Mich nicht. Soziale Netzwerke gehören zum Leben. Sie sind ein fester Bestandteil des Alltags geworden. Sie dienen dem Austausch, der Information. Weshalb also sollte jemand, der hier jeden Tag Stunden verbringt, sich noch über andere Kanäle informieren? Der Kunde 3.0 nutzt seine direkte Umgebung. Er schaut auf die Empfehlungen seiner Freunde, recherchiert im Netz noch einmal nach, prüft Unternehmen auf Image, Glaubwürdigkeit und Produkt. Und er nimmt die Anbieter wahr, die in seiner Welt aktiv sind. Daher müssen auch Unternehmen entsprechend handeln und dort präsent sein, wo die Kunden sich aufhalten!

Nachrichten aller Art erreichen den Kunden 3.0 heute automatisch! Er sucht aber auch verstärkt nach Orientierung. Gerade im Internet mit seiner zunehmenden Geschwindigkeit in der Kommunikation hält er Ausschau nach Landmarken. Und diese Funktion übernehmen im Verkaufsprozess künftig starke Marken. Sie werden noch stärker als bisher Botschafter, Sinnstifter und Referenzgeber. Und damit zu Multiplikatoren für Vertrieb und für Kunden.

Social Media für direkten Kundenkontakt

**Wie es digital nicht
funktioniert**
Kennen Sie das Chefticket? Von Oktober bis November 2010 nutzte die Deutsche Bahn die Online-Plattform Facebook, um dieses Ticket zu vermarkten. Das Angebot war zeitlich begrenzt und nur über Facebook erhältlich. Trotzdem machte es bundesweit von sich reden. Denn die Kunden wollten nicht nur das günstige Ticket – sie wollten vor allem ihrem Ärger Luft machen. Und sie taten dies ungehemmt. Pech für die Bahn, die darauf nicht vorbereitet war und hilflos reagierte. Heute liegt die Facebook-Seite brach. Begründung: Die Aktion ist abgeschlossen. Punkt. Weiterer Dialog? Wohl nicht erwünscht.

**Wie es digital
funktioniert**
Das positive Gegenbeispiel: Massen bewegen – das wollte die Telekom mit dem Projekt »Million Voices«. Der Konzern nutzte Facebook, aber auch klassische Kommunikationskanäle wie TV-Spots, um seine Kunden zum »größten Online-Chor« zu animieren. Mit Erfolg: Im Dezember 2010 hieß es im Telekom-Spot: »Es ist geschafft.« Gleiches vermeldet die Facebook-Seite »Erleben, was verbindet«, auf der zur Teilnahme aufgerufen wurde. Über 31 000 Facebook-Nutzer klickten den »Gefällt mir«-Button an und wurden zu Fans dieser Aktion. Sie sangen mit, luden Videos hoch. Gezeigt wurde der Spot mit dem 7-Second-Song im Fernsehen und auf einer riesigen Leinwand am Brandenburger Tor. Pünkt-

lich zum Jahreswechsel. Eine gelungene Marketingaktion des Telekommunikationsriesen, der kritische Stimmen auf Facebook gelassen ignorieren konnte.

Auch der »gelbe Riese« ist auf Facebook aktiv. DHL hat eine eigene Seite für die Packstation eingerichtet und freut sich hier über Fans. Die Seite wird genutzt, um DHL-Produkte zu vermarkten und Gewinnspiele durchzuführen. Interessenten und Kunden können zudem direkt mit einem Ansprechpartner der DHL chatten und sich beraten lassen – ein Angebot das im September 2014 von über 1.700 Facebook-Usern genutzt wurde.

Solche Angebote sprechen sich in Sekundenschnelle herum, deutschlandweit, europaweit, weltweit. Alle 20 Sekunden werden 1,4 Millionen Videos auf YouTube angesehen und 40 neue hochgeladen. Werden 210 Blogspots geschrieben. 140 neue Facebook-Accounts eingerichtet. 720 Fotos bei Flickr hochgeladen. 1200 iPhone-Apps heruntergeladen. 470 000 Google-Anfragen gestellt. Unzählige Tweets versendet. Drei Viertel der DAX-Unternehmen und zwei Drittel aller Fortune-200-Unternehmen twittern bereits. Über 20 Prozent aller Tweets beschäftigen sich mit Unternehmen, ihren Leistungen und Angeboten, so eine Studie von Burson Marsteller aus dem Jahr 2010. Und sie sind erfolgreich: Dell beziffert den zusätzlichen Umsatz, den es allein über den Vertriebskanal Twitter in zwei Jahren erzielt hat, auf drei Millionen US-Dollar.

Alle 20 Sekunden werden 140 neue Facebook-Accounts eingerichtet

Wie wichtig Kundenservice in sozialen Netzwerken ist und wird, zeigt auch die Studie »Kundenservice der Zukunft. Mit Social Media und Self Services zur neuen Autonomie des Kunden« der Detecon Consulting. Demnach wird es bereits in wenigen Jahren selbstverständlich sein, Kundenanfragen über Blogs zu beantworten sowie Produkte und ihre Nutzung via Podcast zu erklären. 70 Prozent der Befragten glauben, dass Social Media einen bedeutenden Servicekanal der Zukunft definieren. 31 Prozent gehen sogar davon aus, dass diese Entwicklung in den nächsten zwei Jahren das eigene Unternehmen betreffen wird. Die Unternehmen, so die Studie weiter, werden nicht umhinkommen, Social Media als Servicekanal zu integrieren.

Marken als Freund im sozialen Netzwerk

Warum wird jemand »Freund« eines Unternehmens? Wer bei Facebook registriert ist, hat manchmal mehr »Freunde«, als er im wirklichen Leben Menschen kennt. Dabei können nicht nur registrierte Teilnehmer zu Freunden werden, sondern auch Marken. So wie Otto: Das Versandhandelsunternehmen hat gemeinsam mit der Universität Hamburg und dem Marktforschungsunternehmen Olson Zaltman Associates, Boston, untersucht, warum Kunden im Social Web zu Freunden der Marke Otto werden. Das Ergebnis der Studie, zu der aktive Nutzer der Brand Communities auf Facebook und Twitter befragt wurden: Connection, Balance, Control und Self Expression sind die entscheidenden Motive. Was bedeutet dies konkret? *Connection* steht dafür, dass Kunden sich auch im Social Web zu »ihrer Marke« bekennen. *Balance* meint, dass sich die Kunden in ihrer Freizeit zur Entspannung mit dem Social-Media-Angebot von Otto beschäftigen. Damit sehen sie das Angebot als Ausgleich. Aspekt Nummer drei, *Control*, ist der Wunsch nach mehr Informationen über die Marke und das Bedürfnis, diese aktiv zu steuern. Und bei *Self Expression*, der Selbstdarstellung, geht es schlicht darum, Gleichgesinnte zu treffen und sich untereinander auszutauschen.

⇨ http://www.ibusiness.de/aktuell/db/241878mah.html

Was bietet Otto seinen Kunden auf Facebook? Sogenannte »Fans« erhalten Zugriff auf Schnäppchen, Exklusiv-Angebote, Gewinnspiele und vieles mehr. Damit gehören sie einer

VIP-Gruppe an, über deren Beitritt sie selbst entscheiden. Videos stellen neue Produkte und Kollektionen vor, über die die Fangemeinde auf Facebook diskutiert. In »Style Diaries« spricht Stylediaries-Moderatorin Bonnie Stange mit Modedesigner Marcel Ostertag über den perfekten Glamour-Look, informiert über die Trachtenmode zum Oktoberfest oder den angesagten Sommer-Look. Dazu nutzt Otto einen Link zum entsprechenden Youtube-Kanal.

Mit Fashion & Fame schlug Otto die Brücke zum Fernsehen. Denn hier ging es um die Serie »Gold Cut« auf Pro Sieben. Auf der Facebook-Site wurden die Kandidaten und ihre Entwürfe vorgestellt. Die Gewinner-Kollektion wurde später über Otto vertrieben. Facebook-Fans konnten sie vorbestellen.

Medien gekonnt verknüpfen

Mit diesem Angebot ist Otto nicht nur ein »Freund« innerhalb der Facebook-Gemeinde: Das Unternehmen nutzte die Site geschickt und durchdacht für den Vertrieb. Ein gutes Beispiel dafür, dass sich die Social Media als Vertriebskanal anbieten.

Jedes Produkt eignet sich – selbst Toast

Diesen Weg haben schon andere gewählt. Golden Toast beispielsweise. Eigentlich kein Produkt, über das man unbedingt mit Freunden oder Bekannten spricht. Genau das will der Brothersteller ändern. Unter dem Motto »Du und Dein Golden Toast« konnten Kunden eine Weile ihre Lieblingsrezepte online stellen. Besucher der Website sollen sie dann bewerten und weiterverbreiten.

Auch Skittles, ein Bonbon-Hersteller, ist diesen Weg bereits gegangen. Auf der Website sind zahlreiche von den Kunden generierte Inhalte hinterlegt. Über 15 000 000 Fans tummeln sich auf der Facebook-Site von Skittles, um dort Kommentare abzugeben oder »Mob the Rainbow« zu spielen.

⇨ http://www.facebook.com/skittles#!/skittles?v=
app_105689832803145

Mit solchen Aktionen und einer so überzeugenden Präsenz
wird jede Marke zu einem festen Bestandteil des Kundenall-
tags – und damit zu einem Freund, den man anderen Freunden vorstellt.

Der Computer-Hersteller Dell fordert seine Mitarbeiter dazu
auf, eigenständig in sozialen Netzwerken zu posten, zu twittern und zu bloggen. Und das unter ihrem eigenen Namen
mit Hinweis auf Dell. In London, Shanghai und den USA
werden die Mitarbeiter des Konzerns in speziellen Akademi-
en sogar gezielt dafür geschult. Sie sollen den Kunden Hilfe anbieten, mit ihnen ins Gespräch kommen (Handelsblatt,
18.11.2010). Die Telekom (http://twitter.com/telekom_hilft),
Simyo, Carglass und andere Unternehmen bieten mittlerweile ebenfalls sehr erfolgreich Kundenservice via Twitter an
(www.kundenkunde.de).

Vertrieb 24/7

Der Kunde 3.0 erwartet, dass er von Ihnen dort angesprochen wird, wo er sich bewegt. Und dann, wann er sich dort
bewegt. Der klassische Vertrieb zwischen 9.00 und 17.00 Uhr
an fünf Tagen die Woche ist tot. Vertrieb funktioniert heute
24 Stunden am Tag, sieben Tage die Woche, zu jeder Zeit,
an jedem Ort, über jeden (digitalen) Kanal. Dabei können
Sie beispielsweise die Grundlagen von Social Networking
verwenden, um Vertrauen aufzubauen, ein Gespräch zu initiieren und die Geschäftsentwicklung zu fördern. Vertrauen
ist die Basis einer jeden Geschäftsbeziehung. Im Web 2.0 ist
zudem wichtig, dass Sie wirklich gute Leistungen bringen,
denn auch schlechte Leistungen sprechen sich schnell he-

rum. Deshalb ist Qualitätssicherung und Monitoring für die Wahrung Ihrer Online-Reputation entscheidend.

Flagge zeigen im Web 2.0

Netzwerke bieten zahlreiche Ansatzpunkte, von denen Sie profitieren können. Einer der Vorteile ist die gute Datenqualität. Facebook legt beispielsweise höchsten Wert darauf, dass der User wahrheitsgerechte Angaben macht. Wer schummelt – und dabei erwischt wird –, fliegt raus. So geschehen bei einem Journalisten, der zum Schutz vor Identitäts-Diebstahl ein falsches Geburtsdatum angegeben hatte. Als er es änderte, flog der Schwindel auf, er wurde gesperrt. Nicht zuletzt wegen eines solch konsequenten Vorgehens sind die hinterlegten Daten nach Expertenschätzungen zu 80 Prozent verlässlich. Dazu gehören nicht nur Altersangaben, sondern auch Fakten wie Wohnort, Hobbys und Interessen. Der Clou: Wenn Sie auf Facebook werben möchten, können Sie eine Zielgruppe definieren. Und nur diese bekommt dann Ihre Werbung angezeigt. Unternehmen profitieren durch die Steigerung der Marken- und Produktbekanntheit, den Aufbau eines positiven Images, die Akquise von Neukunden, die Steigerung der Zugriffe auf die eigene Website – oder den eigenen Online-Shop – und die Verkaufsförderung (creditreform 1 / 2011).

PRAXISTIPPS: Chancen im Netz nutzen

- An erster Stelle steht natürlich die eigene Fan-Seite auf Facebook, die regelmäßig mit Inhalten gefüllt werden will. Gekonnt macht das die bereits erwähnte Sparte Paket der DHL

  ⇨ https://www.facebook.com/DHLPaket

  ⇨ https://www.facebook.com/nutelladeutschland

- Machen Sie Ihre Kunden auf Ihre Facebook-Seite aufmerksam! Bauen Sie auf Ihrer Website, in Ihre Mail-Signatur einen Link zur sogenannten Fanpage ein. Mit diesem kleinen Kästchen ziehen Sie gezielt Kunden zu Facebook.

- Pushen Sie Ihre Facebook-Seite mit Werbung auf anderen Facebook-Seiten. Dies ist kostenpflichtig, zeitigt aber enormen Erfolg und schont im Vergleich zu Printanzeigen das Budget.

- Posten Sie besondere Angebote für Fans. Denken Sie daran: Jeder User, der den Button »Gefällt mir« anklickt, kommuniziert dies automatisch an sein gesamtes Netzwerk.

- Binden Sie Twitter mit ein. So werden Ihre Postings in Facebook parallel als Tweet verschickt – ohne weitere Arbeit für Sie.

- Arbeiten Sie mit der PR-Abteilung zusammen. Erstellen Sie Themen- und Maßnahmenpläne. Legen Sie im Vorfeld fest, wie Sie mit kritischen Beiträgen oder einem möglichen Facebook-GAU à la Deutsche Bahn umgehen.

- Richten Sie für sensiblere Themen und Aktionen – beispielsweise die Diskussion einer Beta-Version – eine Gruppe ein. Der Vorteil ist die »Intimität«. Gruppen können geschlossen arbeiten, während die Pinnwand auf Ihrer Facebook-Seite für alle Nutzer offen ist.

- Binden Sie Ihre Social-Media-Aktivitäten in die klassischen Kommunikationsmaßnahmen ein.

Mit einer überzeugenden Strategie im Web 2.0 können Sie also schnell viele Freunde oder Fans gewinnen und so die Aufmerksamkeit weiterer potenzieller Kunden. Zugegeben: Das allein bringt nicht immer einen konkreten Auftrag. Aber es kann der erste wichtige Schritt sein. Dank Facebook & Co. hat das Empfehlungsmarketing eine neue Dimension erreicht. Wie wichtig der Ruf, das positive Image, eines Unternehmens für seinen langfristigen Erfolg ist, hat unter anderem unsere Studie gezeigt.

Auszug Forschungsprojekt VertriebsIntelligenz®:
»Wie wichtig ist der Ruf eines Unternehmens?«

Mundpropaganda beziehungsweise »Empfehlung per Mausklick« gehört zu den wichtigsten Erfolgsparametern. Über die Hälfte der Befragten stimmten der Aussage »Der Ruf des Unternehmens soll dazu führen, dass Kunden von alleine kommen« »voll und ganz zu«. Dies entspricht einer Schulnote von 1,82.

Die Frage »Wird ein Unternehmen zur ›Kunden-Maschine‹, wenn Kunden aus Begeisterung ganz viele Empfehlungen an andere Interessenten aussprechen?« bejahten drei Viertel aller Befragten mit »stimme voll und ganz zu«. Weitere 17 Prozent stimmten weitestgehend zu. Damit lagen insgesamt 92 Prozent der Bewertungen im positiven Bereich.

Dialog 3.0: Herausforderung für Unternehmen und Vertrieb

Offene Kommunikation in Echtzeit – genau dies ist die Herausforderung für viele Unternehmen. Facebook, StudiVZ und andere soziale Netzwerke lassen der Unternehmenskommunikation wenig Zeit für abgestimmte Beiträge. Noch gefährlicher sind jedoch Widersprüche, die das Internet skrupellos aufdeckt. Mit einfachen, kostenlosen Tools können sich Ihre Kunden jederzeit darüber informieren, wo was über Ihr oder von Ihrem Unternehmen online geschrieben wurde. Wer sich hier verhaspelt, wird schnell durchschaut und bekommt die Quittung.

Daran sollte jeder denken, der das Internet privat und beruflich nutzt. Die digitale Welt unterscheidet nicht zwischen privat und beruflich. Der Kunde 3.0 nimmt Sie als eine Person wahr – und zudem auf allen Kanälen auch als Botschafter Ihres Unternehmens.

Vertrieb ganzheitlich leben

Ein Beispiel: Angenommen, Sie arbeiten im Vertrieb und bereiten sich auf einen wichtigen Kundentermin am nächsten Tag vor. Sie haben sich umfassend über den Kunden und seine Marktsituation informiert, Sie haben das passende Angebot erarbeitet und extrem viel Zeit und Mühe in ein Konzept und eine entsprechende Präsentation gesteckt. Die Nacht war kurz. Der Schlaf kürzer. Wie viele Menschen schauen Sie morgens als Erstes in Facebook, gucken, was die Welt so macht. Und posten fix, ohne groß nachzudenken, die Statusmeldung »Bin jetzt beim Kunden ... naja, würde lieber golfen ...« Ihre private Meinung? Aufpassen! Das kann der Gau für Ihren Erfolg an diesem Tag, ja für Ihre Karriere sein. Denn Ihr Kunde hat in der Zwischenzeit vielleicht nachgesehen, ob Sie in Facebook aktiv sind, mit wem Sie vernetzt sind, wer Ihnen Nachrichten hinterlässt, Kritik übt oder die Beratung lobt.

Einige Berater versuchen dies zu vermeiden, indem sie ein offizielles und ein privates Profil erstellen. Dies funktioniert aber nur bedingt. Denn jeder Internetnutzer, der ein bisschen clever ist, wird schnell beide Profile finden und sie abgleichen. Auch die Aufteilung, XING für Berufliches zu nutzen und in Facebook privat zu kommunizieren, hat nur eine kurze Halbwertszeit. Denn in der Regel informieren sich Ihre Geschäftspartner in mehreren Foren.

Privates und Berufliches lassen sich nicht länger trennen

PRAXISTIPP: Vertriebs-Recruiting im Social Web

Übrigens können Sie über das Netz auch neue Vertriebsmitarbeiter finden. Immer mehr Headhunter nutzen Plattformen wie XING oder Facebook, um Wechselwillige ausfindig zu machen, oder schreiben auf carreer.com Stellen aus. Die Profile werden gescannt, um bei Bedarf geeignete Kandidaten anzusprechen. Aber Vorsicht: Kompromittierende Informationen können ein Ausschlusskriterium sein.
⇨ http://www.handelsblatt.com/finanzen/recht-steuern/arbeitsrecht/wann-facebook-und-xing-den-job-kosten/3812754.html

Wenn Sie ohne Headhunter auf die Suche gehen möchten, sollten Sie sich in den entsprechenden Foren umschauen. Wer fällt Ihnen durch seine Kompetenz oder auch durch seinen Charme auf? Wer wirkt sympathisch, mit wem würden Sie – aufgrund seiner Postings – gerne arbeiten? Scheuen Sie sich nicht, sich die Profile anzuschauen. Recherchieren Sie nach Gruppenmitgliedschaften und Forenbeiträgen. Und wenn Sie das Gefühl haben, es passt – dann sprechen Sie Ihren Wunschkandidaten doch einfach an!

Darüber hinaus können Sie natürlich auch auf die Profile achten: Viele Wechselwillige schreiben dies durchaus in ihre Interessen oder den Status hinein. Weitere Ansatzmöglichkeiten sind die Foren und die »Anzeigenabteilungen« der Social Networks. XING hat beispielsweise Gruppen, in denen Jobs gepostet werden. Unternehmen schalten hier zudem Anzeigen, die die Mitglieder dann einsehen können.

Nutzen Sie Profile unterschiedlichster Art für Ihre Arbeit

Kunden hinterlassen Spuren im Internet. Wenn Sie genau hinschauen, erfahren Sie viel: den Familienstand des Interessenten, berufliche Stationen, Karrierewege. Seine Einstellungen, Träume, Werte. Und seine Hobbys. Seine Freunde – was machen die eigentlich? Scheidungsanwälte sind hier hellhörig geworden und auch das Finanzamt lernt dazu. Nein, Sie sollen kein Profil in Stasi-Manier anfertigen. Zur Vorbereitung eines Kundentermins gehört aber auch, sich über den Betreffenden zu informieren, ihn zu erkunden. Das Internet öffnet dem Vertrieb auch für das persönliche Gespräch neue Möglichkeiten.

PRAXISTIPPS: Profile nutzen

Wie weit sich solche Informationen nutzen lassen, hängt natürlich von der Branche ab, in der Sie arbeiten. Träumt Ihr Kunde auf Facebook von einem eigenen Haus, können Sie dies für ein Gespräch über Geldanlagen nutzen. Treffen Sie ihn, um über ein neues Schnelllauftor zu sprechen, haben Sie möglicherweise einen guten Einstieg in den Small Talk gewonnen. Vielleicht gibt es aber auch gemeinsame Freunde oder Bekannte, haben Sie an derselben Uni studiert. Oder teilen ein Hobby. Oder Sie nutzen die Check-ins Ihres Kunden bei Foursquare, um ihn bei Gelegenheit in sein Lieblingslokal einzuladen.

Hat er im Social Net eine Fachfrage gestellt, können Sie darauf aufbauen, um auch online mit ihm ins Gespräch zu kommen. Oder Sie sprechen ihn persönlich beim nächsten Treffen darauf an. Vielleicht haben Sie ja aufgrund der Antworten etwas dazugelernt oder eine neue Idee bekommen – dann können Sie direkt mit Ihrem Kunden fachsimpeln.

Ausschreibungsplattformen nicht vernachlässigen

Gerade im B2B-Segment bietet das Internet eine weitere, sehr attraktive Möglichkeit, mit Kunden in den Dialog zu treten und ihnen Angebote zukommen zu lassen. Die Rede ist von Ausschreibungsplattformen, die wie Pilze aus dem Boden schießen. Der Bund hat eine, die Länder haben ihre und jede einzelne Stadt hat eine eigene. Aber auch Unternehmen nutzen Ausschreibungsbörsen, um mehr Angebote zu erhalten, neue Anbieter kennenzulernen. Und, um die Angebote besser vergleichen zu können.

PRAXISTIPPS: Spezielle Plattformen für einzelne Branchen

- Bau: Hier gibt es unter anderem die Plattformen bauportal-deutschland.de, webvergabe.de oder http://bauausschreibungen.info. Die Plattform evalurajo.de setzt zudem auf Bewertungen von Geschäftspartnern.

- Gewerbeversicherungen können über www.brokingx.de ausgeschrieben werden.

- Für Frachten gibt es TimoCom.de, für Logistikflächen lagerflaeche.de.

- Hinzu kommen Handelsplattformen wie B2B-TradeCenter für Restposten, Sonderposten und Konkurswaren, italianmoda.com für italienische Mode und viele mehr.

- Etliche dieser Plattformen werden auf der Website grosshandel-links.de vorgestellt.

Vertriebsintelligenz: Der Mix macht es!

Ausschreibungsplattformen oder Social Media alleine bringen Sie nicht weiter. Es sei denn, Sie arbeiten für ein digitales Start-up-Unternehmen, für das es keine besseren und überzeugenderen Kommunikationskanäle gibt. Das dürfte aber in den seltensten Fällen so sein. Für alle anderen gilt: Vertrieb findet – auch und gerade in Zukunft – im Social Web statt. Aber eben nicht nur.

Verbreitet: online schauen, offline kaufen

Für viele Kunden heißt es nämlich immer noch: Online schauen und offline kaufen. Das hat die Metastudie »Research Online Purchase Offline« herausgefunden. Demnach suchen und vergleichen 56 Prozent der deutschen Internet-Nutzer Anbieterinformationen von zu Hause aus im Netz. Auch bestellt wird bequem vom Sofa aus – allerdings nur von 16 Prozent. 40 Prozent der Kunden recherchieren online und kaufen dann offline. (Bei teuren Produkten ist es allerdings oft umgekehrt: Getestet wird beim Einzelhändler, gekauft im Web.)

Besonders beliebt ist die Vorabrecherche im Netz übrigens bei Bankprodukten (65 Prozent), Mobilfunk (61 Prozent) und DSL (60 Prozent). 43 Prozent informieren sich hier über Versicherungen. Die Suche selbst wird gründlich durchgeführt: Zwischen drei bis vier Websites werden besucht und bis zu neun Suchanfragen gestartet (Google RPOP-Metastudie, 2011).

Vertriebsintelligent: Klassisch und Modern verbinden

Vertriebsintelligent handeln heißt demnach, klassische und neue Vertriebswege miteinander zu verknüpfen. Bauen Sie Ihre Aktivitäten, Ihre Kommunikation im Web 2.0 gezielt in die bestehende Vertriebsstrategie ein. Ergänzen Sie konventionelle Vertriebswege mit den Möglichkeiten, die Ihnen die digitale Welt bietet. Sprechen Sie mit Ihren Kunden auf allen Kanälen. Schicken Sie ihnen Zusatzinformationen per Mail.

Laden Sie sie auf Ihre Facebook-Seite ein. Versenden Sie Newsletter mit Hinweisen auf spezielle Angebote auf XING. Nutzen Sie Gewinnspiele, um mehr Traffic zu generieren. Verweisen Sie in Kundenmagazinen, Flyern und auf Ihrer Website auf Angebote in Social Media.

Ein schönes Beispiel dafür, wie erfolgreich ein Unternehmen mit einer solchen Verknüpfung sein kann, bietet Otto. Eine Weihnachtskampagne im Jahr 2009 hat Millionen Internet-User zu Mitspielern gemacht. Die Idee: Geschenke-Tausch als interaktives Spiel – Wichteln im Web 2.0. Dabei bekam jeder registrierte Nutzer ein Geschenk zugelost. Und nun hieß es: Wichteln! Bis man im Besitz des gewünschten Geschenks war. Jeder Tag bot eine neue Chance. Hatte man Pech und das Traumgeschenk ging an einen anderen User, konnte der Teilnehmer das Produkt durch einen Link zum Shop sofort kaufen. Oder es für den Weihnachtseinkauf vormerken. Beworben wurde die Aktion offline in Katalogen, Beilegern und mit Sonderwerbeformen und online mit Bannern, auf Facebook und über Twitter. Die Kunden machten begeistert mit. 67 Prozent empfahlen die Aktion erfolgreich weiter. Und das Ergebnis übertraf alles. Statt der erhofften 50 Prozent Plus beim Bruttobestellwert wurden 225 Prozent erreicht (w&v, 46 / 2010).

Umsatzplus dank Social Media

Entgegen aller Vorbehalte bietet sich das Social Web auch als ergänzender Vertriebskanal für B2B an. O_2 hat beispielsweise eine eigene Facebook-Seite für Geschäftskunden. Hier erhalten sie Support, Informationen zu aktuellen Aktionen oder werden zu Gewinnspielen eingeladen. Auch »HP for small business« lässt keinen Zweifel an der Zielgruppe, ebenso wenig wie AT&T Small Business. Das Social Web erobert damit nach und nach die Geschäftswelt – und dies nicht nur über XING!

24 / 7 bedeutet:

1. Nutzen Sie »neue Kommunikationskanäle« wie XING, Facebook & Co., um mehr über Ihre Kunden zu erfahren.

2. Treten Sie mit ihnen in den aktiven Dialog – posten Sie an ihre Pinnwand (bei Facebook), schreiben Sie ihnen eine Nachricht.

3. Nutzen Sie Möglichkeiten wie Statusmeldungen oder Unternehmensprofile, um auf Ihr Angebot aufmerksam zu machen.

4. Prüfen Sie, ob der Einsatz neuer Technologien wie Augmented Reality für Ihre Marke, Ihr Produkt Sinn ergibt. Wenn ja: Probieren Sie es aus!

5. Nutzen Sie Ausschreibungsplattformen für Ihren Vertriebserfolg.

Vor allem: Begreifen Sie das Web 2.0 nicht als Einbahnstraße. Reagieren Sie auf Fragen, aber auch auf Kritik mit Gesprächsbereitschaft. Kunden, die meckern, haben Sie nicht abgeschrieben. Sie wollen im Dialog bleiben. Greifen Sie zum Hörer und fragen Sie nach dem konkreten Grund für den Ärger. Hat der Kunde Sie bei einer unbedachten, schnell geposteten Äußerung erwischt, sollten Sie zu Ihren Schwächen stehen und beim nächsten Mal gründlicher über Ihre Wortwahl nachdenken.

Und das heißt für Sie im Vertrieb konkret:

1. Was verkaufen Sie? Was wollen Ihre Kunden von Ihnen kaufen?

2. Welche Vertriebswege nutzen Sie – beispielsweise im Bereich Social Media? Welche wollen Sie künftig nutzen? Heute? Morgen? Und wie verknüpfen Sie Social Media mit Ihrer Vertriebsphilosophie?

3. Wie viele Kunden wollen Sie so von sich und Ihrer Idee zusätzlich überzeugen (gewinnen)? Und was tun Sie ergänzend dafür?

4. KAPITEL

VERTRIEB GEHT HEUTE ANDERS ...

... weil Kunden eben nicht nur von Siegern kaufen: Kunden kaufen von Sympathen mit Kompetenz

> In diesem Kapitel lesen Sie, welche Eigenschaften ein Vertriebs-
> mitarbeiter besitzen muss, um bei Kunden erfolgreich zu sein.
> Geht es vor allem um Kompetenz? Oder kaufen Kunden nur von
> Siegern, von selbstbewussten, smarten Schnellsprechern, denen
> »Charisma« zugeschrieben wird? Basierend auf dem Forschungs-
> projekt VertriebsIntelligenz® erfahren Sie hier, was einen nach-
> haltig erfolgreichen Verkäufer auszeichnet.

Was macht einen erfolgreichen Verkäufer aus? Seine Abschlussorientierung, sein Streben nach Umsatz? Dass er verkaufen kann, was er will – unabhängig davon, was der Kunde wirklich braucht? Wohl kaum. Das war früher nicht so
und gilt heute erst recht nicht mehr. Denn der Kunde 3.0
weiß, was er will. Er ist kritisch. Er kauft weder alles noch
von jedem.

Kennen, können, wollen Doch worauf kommt es dann an? Die Kompetenz erfolgreichen Verkaufens beruht für mich auf drei Säulen: *Kennen*,
können und *wollen*. Das Kennen bezieht sich dabei sowohl auf

die eigenen Produkte als auch auf den Kunden. Das Können meint die Kompetenz des Vertriebsmitarbeiters. Und das Wollen zeigt seine Einstellung. Dabei gilt: Nur wer will, ist bereit, sich mit den Produkten und Kunden auseinanderzusetzen und seine Fähigkeiten zu verfeinern. Das Wichtigste ist also die innere Haltung. Allen drei Säulen werden Sie im Laufe des Kapitels begegnen.

Respekt – Grundlage des Vertriebs

Ihr Kunde will Beratung, keinen Beifall. Er möchte ernst genommen werden mit seinen Wünschen, Bedürfnissen und Ansichten. Dies sollten Sie sich immer vor Augen halten. Niemand erwartet, dass Sie Ihrem Kunden in allen Dingen und Werturteilen zustimmen. Würden Sie dies tun, wären Sie unglaubwürdig. Sie verlören sein Vertrauen und seine Achtung. Abgesehen von Ihrem eigenen Selbstwertgefühl würde auch Ihr Geschäft darunter leiden. Was Ihr Kunde erwartet – und erwarten kann –, ist Respekt. Diesen sollten Sie ihm immer entgegenbringen, unabhängig davon, wann und wo Sie ihn treffen: ob Sie ihm tagsüber im Büro begegnen, nach dem Messetag auf der Stand-Party oder abends im privaten Umfeld. Denn Vertrieb findet – siehe voriges Kapitel – immer und überall statt. Ähnlich wie bei der Partnersuche entscheidet sich auch bei der Wahl des Geschäftspartners in den ersten Sekunden, ob Ihr (virtuelles) Gegenüber Sie sympathisch findet. Oder eben nicht. Diese Sekunden sind maßgeblich für Ihr Geschäft.

Sympathie entscheidet!

**Ein »gutes Gefühl«
entscheidet über
den Abschluss**

Sympathisch sind uns Menschen, mit denen wir uns »auf einer Wellenlänge« befinden, die die »gleiche Sprache« sprechen wie wir. Die Bilder und Wörter benutzen, die aus unserer Wertewelt stammen und uns geläufige Assoziationen hervorrufen. Sympathie ist erlebte Ähnlichkeit. Menschen umgeben sich gern mit Menschen, die ihnen ähnlich sind. Menschen verkehren gern in ihren Kreisen – privat wie beruflich. Dies ergab auch eine Studie, die das Marktforschungsinstitut forum! zusammen mit der Agentur RTS Rieger Team im Jahr 2010 herausgegeben hat. Diese untersuchte, wie weit Emotionen bei B2B-Geschäften eine Rolle spielen. Und siehe da: 54 Prozent der 300 Befragten lassen einen Deal platzen, wenn sie ein ungutes Gefühl haben. 31 Prozent vertrauen bei Kaufprozessen ihrem Instinkt. Für 88 Prozent ist das Vertrauen in den Anbieter wichtiger als das Produkt selbst oder der Preis dafür. Und 39 Prozent gaben an, dass ein angenehmer Kontakt zum Mitarbeiter für einen Kauf entscheidend war.

Kein Mensch kann sich mit allen anderen gut verstehen. Sie können aber viel unternehmen, um Rapport aufzubauen, um eine »gleiche Wellenlänge« zu schaffen, ein angenehmes Gesprächsklima, eine Vertrauensbasis – selbst dann, wenn Ihre Einstellungen und Werte nicht denen Ihrer Kunden entsprechen. Und dies, ohne sich zu verstellen.

Dabei hilft es Ihnen, wenn Ihr Kunde Sie als sympathisch wahrnimmt, wenn Sie ihn auf der emotionalen Ebene und nicht nur auf der sachorientierten Ebene erreichen. Wenn er sich also nicht nur als Kunde ernst genommen fühlt, sondern auch als Mensch. Genau das macht Sie sympathisch und fördert Ihren Erfolg. Denn bei Kauf und Verkauf geht es niemals allein um Sachentscheidungen, sondern es geht um Menschen. Niemand kauft gerne von Menschen, die ihm unsympathisch sind. Unsympathischen Menschen vertraut man einfach nicht.

Bleiben Sie authentisch!

Hüten Sie sich davor, Ihrem Kunden etwas vorzuspielen. Blender werden heute schneller durchschaut, als Sie glauben. Wer seinem Gesprächspartner bei jeder Äußerung, jedem inhaltlichen Vorschlag mit »Klasse«, »Prima« oder »Schön« recht gibt, erntet keinen Respekt, sondern Lacher. Und den Respekt Ihres Kunden brauchen Sie, wenn Sie verkaufen wollen. Er ist die Grundlage für das Vertrauen, das Ihnen Ihr Gegenüber bei der Beratung und späteren Entscheidung entgegenbringen muss.

Was bedeutet Authentizität? Der Begriff steht für Echtheit, für Originalität, für Kongruenz. Authentische Menschen handeln auf der Basis ihrer Überzeugung. Sie sind bereit, ab und zu anzuecken, indem sie ihre Meinung vertreten. Es geht nicht darum, sich in allem durchzusetzen, sondern darum, zu seinen Überzeugungen zu stehen. Auch im Vertrieb – und dies bei allen Handlungen.

Das ist nicht immer einfach. Aber es geht. Vor allem dann, wenn Sie sich diese Haltung in aller Form »zu eigen« gemacht haben. Das zeigt beispielsweise folgende Alltagssituation: Ich brauchte einen neuen Anzug und bin deshalb in die Stadt gegangen – mit genauen Vorstellungen: Ein moderner Anzug sollte es sein, ein Zweireiher, modisch enger geschnitten, unifarben. Schlicht. Dezent. Ein Anzug, den ich mit einem weißen Hemd und einer stylischen, momentan eher schmalen Krawatte kombinieren kann und so gut angezogen bin. Nach einigem Suchen fiel mir einer auf. Hellbraun und aus Cord, mit Samt abgesetzt. Nicht ganz mein Stil, aber warum nicht einmal etwas Neues wagen? Den wollte ich glatt

Beispiel aus der Modewelt

kaufen, auch wenn er nicht so ganz meinen Vorstellungen entsprach. Kurzerhand fragte ich die Inhaberin des Ladens nach ihrer Meinung. Doch die winkte ab und sagte: »Andreas, das bist du nicht. Komm lieber in vier Wochen wieder einmal vorbei, wir bekommen noch was Besseres rein …« Das habe ich dann auch gemacht, habe meine – bereits getroffene – Kaufentscheidung revidiert. Und ich bin froh darüber. Denn ich hätte mich in diesem Anzug nicht wirklich wohlgefühlt. Der wäre es schlicht nicht gewesen! Die Inhaberin – die ich seit Langem kenne – hatte recht. Und sie hat sich im Moment der Beratung gegen den Umsatz und für die Kundenbetreuung entschieden. Sie ist authentisch. Sie sagt auch schon mal Nein und verzichtet auf Schleimerei. Und damit hat sie mein Vertrauen.

Wie schwer es manchmal ist, authentisch zu sein, weiß jeder, der unter Erfolgsdruck steht. Als Bindeglied zwischen Unternehmen und Kunden stehen Sie als Vertriebsleiter oder als Mitarbeiter zwischen Hammer und Amboss. Ihr Kunde erwartet, dass Sie auf seine Bedürfnisse eingehen und ihn entsprechend seinen Anforderungen beraten. Dass Sie ihm nur das empfehlen und verkaufen, was für ihn sinnvoll und sinnhaftig ist. Auf der anderen Seite sind Sie zunehmendem Produktivitätsdruck ausgesetzt. Der Wettbewerb nimmt zu. Die Kunden werden kritischer. Sie geben ihr Geld nicht mehr leichtfertig aus. In dieser Situation ist jeder Auftrag willkommen. Aber nicht jeder Auftrag bringt Sie weiter.

Was einen guten Vertriebsmitarbeiter ausmacht – die Perspektive des Kunden

Wie wichtig der richtige Umgang mit Menschen und die eigene Haltung für den Erfolg eines Vertriebsmitarbeiters sind, zeigt auch das Forschungsprojekt VertriebsIntelligenz®.

Auszug aus dem Forschungsprojekt VertriebsIntelligenz®:
Teilergebnis Verkäufereigenschaften

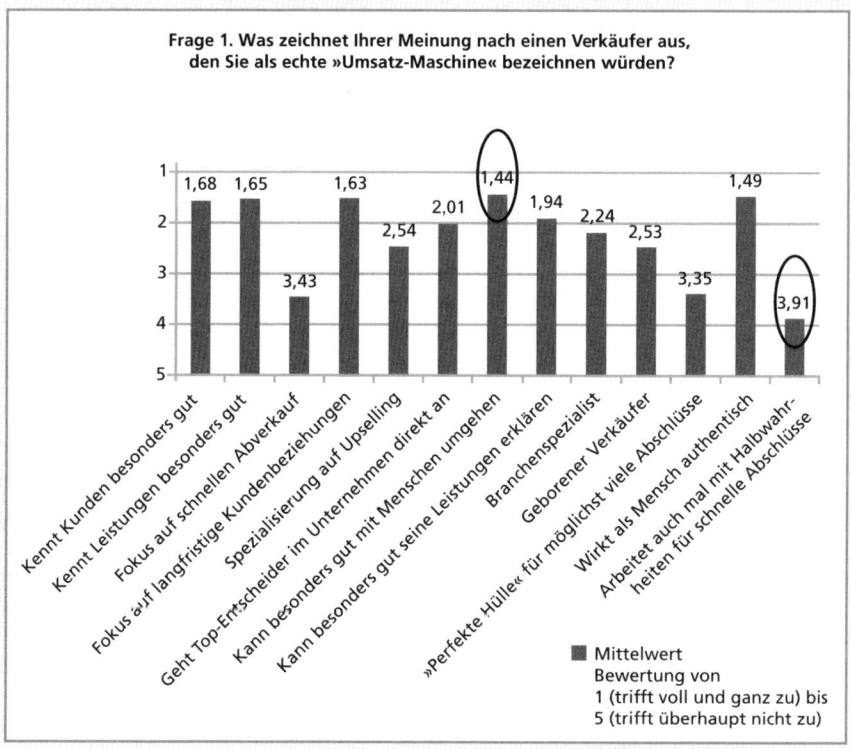

Frage 1. Was zeichnet Ihrer Meinung nach einen Verkäufer aus, den Sie als echte »Umsatz-Maschine« bezeichnen würden?

■ Mittelwert
Bewertung von
1 (trifft voll und ganz zu) bis
5 (trifft überhaupt nicht zu)

Erfolgreiche Verkäufer können gut mit Menschen umgehen, wirken authentisch und streben langfristige Kundenbeziehungen an – diese drei Eigenschaften wurden bei der Frage »Was zeichnet Ihrer Meinung nach einen Verkäufer aus, den Sie als echte ›Umsatz-Maschine‹ bezeichnen würden?« am häufigsten genannt.

Darüber hinaus sollten ›Umsatz-Maschinen‹ gute Kenntnisse über ihre Kunden und über die eigenen Leistungen und Produkte haben – und diese gut erklären können.

Verstärkt wird diese Aussage durch folgendes Teilergebnis:

Wer mit Halbwahrheiten arbeitet, um möglichst viele Abschlüsse zu erzielen, hat als Vertriebsmitarbeiter einen schlechten Ruf. Diese Eigenschaft bekam vom Großteil der

Befragten die Schulnote 5 und wurde zudem von Aussagen wie »so etwas sollte ein guter Verkäufer nie tun« begleitet. Zum Teil wurde diese Aussage sogar als Affront gesehen.

Aber auch Vertriebsmitarbeiter, die sich »eine perfekte Hülle« geben, um »möglichst viele Abschlüsse zu bekommen«, sind nicht beliebt. Die Befragten bewerteten diese Aussage zum Großteil mit den Schulnoten 4 und 5, lehnten sie also ab.

Gemeinsame Wellenlänge schaffen

Sympathisch sein, Vertrauen aufbauen, dabei man selbst bleiben, nicht mit Halbwahrheiten arbeiten – und trotzdem erfolgreich im Vertrieb sein, Abschlüsse erzielen, langfristige Kundenbeziehungen aufbauen: Ist das realistisch?

Ich sage Ja. Aus eigener Erfahrung weiß ich, dass Sie nur langfristig und nachhaltig erfolgreich sein werden. Dass Ihre Kunden Sie nur dann aktiv ansprechen werden, wenn sie Beratung wünschen, wenn sie Ihnen vertrauen, Sie sympathisch finden. Und wenn sie in der Vergangenheit gut beraten wurden.

Hier kommt es auf Sie und auf Ihr Gegenüber an, auf das Zusammenspiel von Emotionen und Fakten, auf die Argumentation und Präsentation. Darauf, dass Sie Ihre Begeisterung für Ihr Produkt auf Ihren Kunden übertragen. Denn eine Kaufentscheidung setzt sich im Gespräch aus verschiedenen Faktoren zusammen: 40 Prozent beruhen auf Sympathie und Vertrauen, 30 Prozent auf dem Bedarf, 20 Prozent auf der überzeugenden Präsentation und nur zehn Prozent auf der Argumentation.

Persönlichkeitstypologien als unterstützendes Instrument nutzen

Wie können Sie Ihren Kunden so ansprechen, dass er Ihre Begeisterung teilt? Hier unterstützt Sie eine Typologie, die Ihnen hilft, die Persönlichkeitsstruktur Ihres Gegenübers zu erkennen und damit Vermittlungsgespräche personen- und situationsangemessen vorzubereiten.

PRAXISTIPP: Jeder Kunde ist anders

Den Kundentyp zu kennen bedeutet noch lange nicht, *Ihren* Kunden zu kennen. Die Einteilung in Typen ist nicht mehr als ein Hilfsinstrument, eine Ergänzung zu persönlichen Gesprächen und individuellen Eindrücken. Dementsprechend ist die typgerechte Ansprache auch kein Allheil-Verkaufsmittel. Sie kann Sie dabei unterstützen, einen besseren Draht zum Kunden zu entwickeln, nicht aber dabei, ungeeignete Produkte zu verkaufen.

Es gibt verschiedene etablierte Kundentypologien, in denen Einstellungs- und Verhaltensweisen von Menschen detailliert beschrieben werden. Die Ihnen verraten, welche typischen Sprachmuster ein Persönlichkeitstyp verwendet und welche Motive – auch Kaufmotive – ihn antreiben. Sie zeigen Ihnen, wo seine Emotionsschwerpunkte liegen und wie Sie am besten eine Brücke zu ihm schlagen.

Betrachten wir hier beispielhaft das Insights®-MDI-Modell als Erklärungsmuster menschlichen Verhaltens. Es geht zurück auf den Psychologen Carl Gustav Jung und stützt sich auf Erkenntnisse Jolande Jacobis und des amerikanischen Psychologen William Moulton Marston. Mich überzeugt dieser Ansatz unter anderem deshalb, weil er mit eingängigen Farbzuweisungen arbeitet – rot, gelb, grün und blau. Damit gibt er eine sehr anschauliche Hilfe zur Kundeneinschätzung.

HINTERGRUND: Insights® MDI

Wie viele andere Modelle auch unterscheidet das Insights®-MDI-Modell vier Grundtypen – eingeteilt nach Farben. Jedem Typ werden Eigenschaften zugeordnet:

- **Roter Typ:** Er ist dominant, extrovertiert und fordernd. Er tritt entschlossen und willensstark auf, geht sehr sach- und zielgerichtet sowie ergebnisorientiert vor. Dieser risikofreudige Typ ist autoritär und ständig aktiv.

- **Gelber Typ:** Initiativ, umgänglich und fröhlich, offen, überzeugend und redegewandt – so wird der gelbe Typ beschrieben. Er besitzt eine positive Ausstrahlung und ist bemüht, mit anderen Menschen gute Beziehungen aufzubauen.

- **Grüner Typ:** Er ist eher introvertiert veranlagt und wird als mitfühlend und geduldig bezeichnet. Grüne Typen gelten als zuverlässig und sicherheitsorientiert. Sie möchten mit ihren Mitmenschen spannungsfrei und kooperativ zusammenleben und -arbeiten.

- **Blauer Typ:** Er geht besonnen, präzise und gewissenhaft vor. Informationen hinterfragt er permanent, Visionen sind nicht seine Sache. Er denkt analytisch und ist introvertiert – daher wirkt er oft distanziert.

In der Realität gibt es natürlich zahlreiche Mischformen – kein Typ tritt in Reinkultur auf. Das gilt für alle Typologien.

Dazu ausführlich: Buhr, Andreas: »Vermittler trifft Kunde, Strategien für ein typgerechtes Verkaufsgespräch«. LexisNexis Deutschland, 2010

Typgerecht beraten

Wie Ihr Kunde »tickt«, zu welchem Persönlichkeitstyp er gehört – dies merken Sie an seinem Verhalten, seiner Sprache und der Körperhaltung. Allerdings werden Sie selten jemandem begegnen, der ausschließlich die Eigenschaften eines roten, gelben, grünen oder blauen Typs zeigt – es gibt unzählige Mischformen. Und deshalb eignen sich Typologien nur als grobe Orientierung, nicht als alleiniges Erfolgsrezept.

Was bedeutet das Wissen um den Kundentypus für Sie im Vertrieb? Und wie können Sie dieses Wissen für eine individuelle, vertriebsintelligente Beratung nutzen? Jeder von uns reagiert auf verschiedene Dinge, auf Argumentationen offen oder ablehnend. Jeder kann Begründungen und Schlussfolgerungen besser nachvollziehen, wenn sie seinem Typus entsprechend aufbereitet sind. Und genau darum geht es: Gestalten Sie das Verkaufsgespräch so, dass Sie Ihrem Kunden das Verständnis für Ihr Produkt und den für ihn resultierenden Nutzen vermitteln können.

Der rote Kundentyp

Treffen Sie auf einen roten Kunden, haben Sie einen selbstbewussten Gesprächspartner. Er stellt sich nicht in die zweite Reihe, sondern will die Gesprächsführung übernehmen und kontrollieren. Fragen hat er nicht, dafür kennt er jede Menge Daten. Denn er hat sich im Vorfeld informiert.

Rote Typen wollen machtvoll handeln

Ihn interessieren Produktnutzen und Sachargumente. Überzeugen Sie ihn durch Tatsachen und Fakten. Bereiten Sie Informationen entsprechend auf. Bleiben Sie konkret. Nennen Sie Termine, treffen Sie eindeutige Vereinbarungen. Lassen Sie ihn ruhig die Gesprächsführung übernehmen. Überraschen Sie ihn an geeigneter Stelle mit einem Vorschlag, auf den er allein nie gekommen wäre. Schließlich kennen Sie Ihre Produkte – und Ihren Kunden. Sie wissen also, was er braucht und welches Produkt optimal auf seine Bedürfnisse passt.

Der gelbe Kundentyp

Gelbe Typen suchen Inspiration Gelbe Kunden sind visions-, spaß- und inspirationsorientiert. Dies merken Sie schnell an den persönlichen Fragen, die Ihnen Ihr Gesprächspartner stellt: Er will wissen, was das Neue, Faszinierende an Ihrem Angebot ist. Wie die Vision aussieht, was Ihre Leistung, Ihr Produkt ihm bringt. Er ist an den Benefits interessiert, nicht an den Eigenschaften der Produkte und Dienstleistungen. Details interessieren ihn gar nicht. Wird es kritisch, weicht er Ihnen aus. Seine Zustimmung ist Ihnen gewiss – auch wenn sie nicht immer hundertprozentig der Wahrheit entspricht, sondern dem Wunsch nach einer harmonischen Atmosphäre.

Gehen Sie offen auf diesen Kundentyp zu. Sprechen Sie ihn auf der emotionalen Ebene an. Beziehen Sie ihn in die eigene Argumentation ein, indem Sie ihn immer wieder nach seiner Meinung fragen. Prüfen Sie Ihre Angebote – im Kundensinn – daraufhin, ob sie wirklich einen Nutzen haben. Denn durch seine Neigung, spontan Ja zu sagen und sich zu begeistern, lässt sich ein Gelber schon einmal zu unsinnigen Entschlüssen verleiten. Dies allerdings nur einmal – eine langfristige Beziehung ist nach einer Enttäuschung ausgeschlossen.

Der grüne Kundentyp

Grüne Typen setzen auf Sicherheit Auch der grüne Typ ist unter anderem an seinen persönlichen Fragen erkennbar. Allerdings ist er eher unsicher, wirkt introvertierter und überlässt Ihnen bereitwillig die Gesprächsführung. Er hat hohe soziale Kompetenz, ist freundlich und zugänglich, erscheint aber auch risikoscheu und sicherheitsbedacht – und sollte auch so beraten werden. Setzen Sie ihn auf keinen Fall unter Zugzwang. Jedes Bedrängen wird ihn schnell verjagen.

Sie erreichen ihn durch einen Mix aus Fakten und Gefühlsankern. Er braucht den Spielraum für eigene Entscheidungen. Räumen Sie ihm diesen Freiraum ein, ohne die Zügel komplett aus der Hand zu geben. Gerade in der Abschlussphase sollten Sie nicht auf eine leichte Steuerung des Gesprächs verzichten.

Der blaue Kundentyp

Kunden, die dem blauen Typus entsprechen, sind analytisch veranlagt. Im Gespräch kommen sie schnell auf den Punkt, wollen Details, Zahlen, Fakten. Und Belege. Die Brücke schlagen Sie mit logisch aufgebauten Argumenten, mit nachvollziehbaren Aufzeichnungen und der Visualisierung Ihrer Argumentation.

Blaue Typen wollen informiert sein

Sprechen Sie ruhig Produkte des Wettbewerbs an und vergleichen Sie diese mit dem eigenen Angebot. Nennen Sie Vor- und Nachteile auf beiden Seiten, die der Kunde dann abwägen kann. Beenden Sie das Gespräch mit umfangreichen schriftlichen Informationen zum Nachlesen und Nachvollziehen. Bieten Sie ihm an, ihn bei der Entscheidungsfindung zu unterstützen.

Welcher Verkäufertyp sind Sie?

Im Kundengespräch zählen in erster Linie Ihre Kompetenz und Ihr Verhalten gegenüber den Partnern. Zu wissen, wie der andere tickt, hilft Ihnen weiter. Erfolgreich sind Sie aber nur dann, wenn Sie authentisch und ehrlich sind – gegenüber Ihrem Kunden und gegenüber sich selbst. Deshalb sollten auch Sie sich die Frage stellen, was für ein Typ Sie sind. Weshalb ist dies wichtig? Ganz einfach: Weil es Ihnen hilft zu verstehen, weshalb Sie mit dem einen Kunden eine gemeinsame Wellenlänge finden – mit dem anderen eher nicht. Erst wenn Sie Ihre Motiv- und Wertelage verstehen, können Sie souverän mit anderen umgehen. Können Ihre Emotionen in einem Kundengespräch verstehen und positiv einsetzen – und so das Gespräch aktiv steuern. Schauen Sie sich also einmal an, welcher Verkäufertyp Sie sind:

Rot – dominanter Verkäufertyp

Als roter Typ zeichnen Sie sich durch Entschlossenheit, Willensstärke, Ehrgeiz und Zielorientierung aus. Das klassische Bild ist das des »selbstbewussten Machers«. Als solcher wissen Sie, was Sie wollen. Und genauso wirken Sie im Zweifel auch auf Ihren Kunden: Mit Ihrem Expertenwissen schüchtern Sie ihn zuweilen ein. Er spürt Ihre Ungeduld – beispielsweise beim (mangelnden) Zuhören oder bei der Suche nach Alternativen. Beides gehört nicht zu Ihren Stärken. Kunden, die Wert auf eine menschlich-freundschaftliche Beziehung legen, fällt der Umgang mit Ihnen dementsprechend schwer. Arbeiten Sie deshalb an Ihrer Fähigkeit, aktiv zuzuhören. Leiten Sie das Gespräch mit Fragen. Lernen Sie, sich zurückzunehmen.

Gelb – beziehungsorientierter Verkäufertyp

Wenn Sie zur gelben Persönlichkeit neigen, entspricht Ihre Stimmung dem Sommer-Sonnen-Wetter: Sie sind meist gut gelaunt und umgänglich, enthusiastisch und freundlich. Mit dieser positiven Art können Sie schnell eine emotionale Beziehung aufbauen. Aber Sympathie ist nicht alles. Aufträge lassen sich nicht allein über eine freundschaftliche Beziehung zum Kunden gewinnen. Arbeiten Sie deshalb an der Produktpräsentation. Stellen Sie den Kundennutzen und die Vorteile Ihrer Angebote besser heraus. So gewinnen Sie Ihre Kunden künftig leichter.

Grün – zurückhaltender Verkäufertyp

Beratung auf Augenhöhe – so könnte man den Ansatz des grünen Verkäufertyps beschreiben. Als solcher sind Sie bodenständig und verhalten sich Ihrem Kunden gegenüber loyal. Sie informieren ihn sachlich und detailliert. Damit sind

Sie oft mehr beliebter Kollege als Verkäufer. Das schafft Vertrauen, hat aber auch Nachteile. Denn als Kollege sind Sie im Verkaufsgespräch eher zurückhaltend. Die Initiative überlassen Sie dem Kunden und legen wenig Entscheidungsfreude an den Tag. Dies liegt unter anderem an Ihrem ausgeprägten Sicherheitsbedürfnis und Ihrer Angst vor Veränderungen. Beides führt dazu, dass Sie oft Abschlusschancen verpassen. Bei dominanten Kunden fehlt es Ihnen an Durchsetzungsstärke. Seien Sie daher selbstbewusster. Gehen Sie aktiver vor. Viele Kunden haben keine konkreten Vorstellungen. Sie wollen, ja müssen für eine gute Entscheidung beraten werden. Und sie möchten sich anstecken lassen von Ihrer Begeisterung: durch etwas mehr Enthusiasmus und Überzeugungskraft.

Besonnen, sachlich, gewissenhaft und präzise – so lassen sich blaue Verkäufertypen beschreiben. Wenn Sie zu dieser Gruppe zählen, sind Sie sach- und aufgabenorientiert. Sie verfahren nach dem Motto: »Erst nachdenken, dann prüfen und nochmals prüfen – und erst dann handeln.« Ihre Kunden können sich darauf verlassen, dass Sie alles genau durchdenken, bevor Sie ihnen einen Vorschlag unterbreiten. Das spricht für Kundenorientierung – kann aber schnell zur Entscheidungsschwäche führen. Verlassen Sie sich deshalb nicht nur auf die faktengesättigte Analyse. Versetzen Sie sich öfter in Ihren Kunden hinein – was braucht er, was wünscht er sich? Lernen Sie, dem Kundennutzen mehr Platz einzuräumen. Überzeugen Sie Ihren Kunden durch Fakten und Nutzen.

Blau – analytischer Verkäufertyp

Wissen konkret anwenden

Was haben Sie davon, wenn Sie wissen, wie Sie ticken und mit welchem Kundentypen Sie es zu tun haben? Eine ganze Menge: Zunächst einmal können Sie sich effektiver und effizienter auf das Verkaufsgespräch vorbereiten. Indem Sie beispielsweise die Fakten herausarbeiten, insbesondere für den roten und den blauen Typus. Oder aber – etwa beim gelben Kundentyp – Sie schauen vor dem Gespräch noch einmal in das Facebook- oder XING-Profil Ihres Gesprächspartners, um einen Aufhänger für den Small Talk zu finden. Gerade im Social Network sehen Sie übrigens jede Menge Hinweise darauf, um welchen Typus es sich bei Ihrem Kunden handelt.

Individuell verkaufen Sie erfolgreicher

Zum anderen hilft Ihnen die Beschäftigung mit der Persönlichkeit des Gegenübers dabei, spezifische Angebote zu erstellen, die richtigen Produkte für Ihren Kunden auszusuchen, über Modifikationen nachzudenken. Verkaufen um jeden Preis ist out! Und Zeitverschwendung – auf beiden Seiten. Sprechen Sie gegenüber einem Menschen mit ausgeprägtem Sicherheitsbedürfnis erst gar nicht von einer Absicherung *ohne* Risikozuschläge. Oder mit einem kreativen Kunden über eine 08/15-Lösung. Beide Verkaufsgespräche wären schnell vorbei, weil das Angebot für Ihren Ansprechpartner (emotional) nicht relevant ist. Und weil der andere ganz schnell den Eindruck gewinnt, dass nicht er im Mittelpunkt steht, sondern Ihr Umsatz.

Mit Kommunikationstricks Entscheidungen forcieren

Ein wichtiges Werkzeug beim zwischenmenschlichen Brückenbau ist die Sprache. Denn Gedanken, Emotionen und Wörter sind eng miteinander verknüpft. Auch hier spielen die verschiedenen Insights®-Typen eine Rolle, denn jeder einzelne Typus spricht eine andere Sprache. Jeder fühlt sich von bestimmten Formulierungen bedrängt, lässt sich von anderen in eine entscheidungsrelevante Gefühlslage versetzen. Über die Sprache können Sie Emotionen auslösen, die Fantasie anregen – und Ihren Kunden so bei der Entscheidungsfindung helfen.

PRAXISTIPPS: Kommunikation vertriebsintelligent einsetzen

Es gibt kommunikative Kniffe, mit denen Sie einen inneren Dialog bei Ihrem Kunden anstoßen können:

Gemeinsamkeiten hervorheben – vor allem beim grünen Kundentyp

- »Als ehemalige Fußballer und künftige Golfer haben wir ja schon etwas gemeinsam.«
- »Ich sehe, Sie interessieren sich auch für ...«

Sie werden sehen: Gemeinsamkeiten sorgen für ein positives Gesprächsklima.

Die Entscheidung delegieren – wichtig beim grünen und blauen Kundentyp

- »Ich überlasse Ihnen gerne, wann Sie sich bei uns melden, um zu erfahren, wie es steht.«
- »Die meisten unserer Kunden nehmen sich die Zeit, um die Vorteile genau zu prüfen.«

Sie zeigen dem Kunden so, dass er selbst die Entscheidung fällt. Damit entstehen auf Kundenseite positive Gefühle.

Das Positive vorwegnehmen – bestätigt rote und gelbe Kundentypen

- »Sicher haben Sie schon eine genaue Vorstellung – und ich muss Ihnen dazu gar nichts mehr sagen –, warum es sich lohnt, unser Angebot vorzuziehen ...«
- »Bestimmt können Sie sich vorstellen, was am Ende dabei herauskommt ...«

Das Gehirn versteht keine Verneinung. Daher sollten Sie positiv formulieren. Dabei können Sie durchaus den positiven Entschluss für Ihr Angebot in Worte fassen, um den Kunden so zu einem Ja zu bewegen.

Social Proof herstellen – holt gelbe und grüne Kunden ab

- »Die meisten unserer Kunden beginnen mit ... und erweitern/ erhöhen später ...«
- »Erst gestern hat sich einer unserer besten Kunden dafür entschieden, dass ...«

So wecken Sie beim Partner ein Gemeinschaftsgefühl mit anderen, obwohl er diese gar nicht kennt.

Zukunftsperspektive eröffnen – überzeugt alle Kundentypen

- »Können Sie sich vorstellen, was Sie in X Jahren rückblickend zu dieser Entscheidung sagen werden?«
- »Wenn Sie in X Jahren auf den heutigen Tag zurückschauen, werden Sie sagen: Gut, dass ich das so gemacht habe/dass wir das so entschieden haben.«
- »Wir beide können sehr gespannt sein, wie positiv sich das auf Ihre Zukunft auswirken wird.«

An diesen Beispielen sehen Sie, wie gut sich bestimmte Formulierungen eignen, ein emotionales Kopfkino auszulösen.

Nutzenformulierungen einbauen – überzeugt rote und blaue Kundentypen

- »Je früher Sie anfangen, desto mehr wird für Sie am Ende dabei herauskommen.«
- »Bei diesem Vorschlag sparen Sie 20 Prozent. Das bedeutet, dass Sie X Euro oder Y Jahre Sparvorteil haben.«
- »Der Faktor Zeit bringt den besten Zins: Wenn Sie bereits jetzt beginnen, Ihr Vermögen aufzubauen, heißt das für Sie, dass Sie entsprechend früher über eine hohe Summe verfügen können.«

Positive Gefühle vermitteln – gute Argumente für gelbe und grüne Kundentypen

- »Stellen Sie sich einmal vor, wie gut es für Ihre Familie wäre, derart versorgt zu sein.«
- »Was glauben Sie, wie positiv sich diese Entscheidung auf Ihre Zukunft auswirken wird?«
- »Einmal angenommen, wir machen das heute / werden uns jetzt einig. Was meinen Sie, wie vorteilhaft sich das auswirken wird?«

Geschenke machen

- »Bevor wir heute in die Details gehen, möchte ich Ihnen den neuen Rechner vorstellen, der Ihnen unter anderem bei Ihrer Kalkulation behilflich sein kann.«
- »Bei der Vorbereitung auf unser Gespräch heute ist mir Folgendes für Sie in die Hände gefallen ...«

»Kleine Geschenke erhalten die Freundschaft« – das ist keine Floskel, sondern Leitsatz aller Verkäufer, die eine positive Gesprächsatmosphäre aufbauen wollen.

»Wenn …, dann«-Vergleiche

- »Wenn Sie einen halben Tag pro Woche zusätzlich an Aufwand kalkulieren, dann macht das in Summe X Euro pro Monat/Jahr aus – wenn Sie also X Euro pro Monat einsetzen, dann erreichen Sie Y Euro nach … Jahren.«

Negativ-Approach

- »Erst vor Kurzem habe ich mit einem gut bekannten Unternehmer gesprochen, der sich dafür sofort entscheiden konnte.«
- »Jemand in Ihrer Position wird diese Entscheidung sicher sofort treffen können.«

Hierbei wird der Kunde durch die Formulierung in die gewünschte Richtung »geschubst« – auch dann, wenn er sich eigentlich die Zeit nehmen wollte, das Angebot in Ruhe zu prüfen, sich also in die entgegengesetzte Richtung bewegen wollte (negativer Approach).

Verbinden Sie Gefühle und Sprache miteinander. Es sind immer unsere Emotionen, die Entscheidungen maßgeblich beeinflussen.

Negatives dominiert Positives

Übrigens: Negative Emotionen stuft unser Gehirn als wichtiger ein als positive – wahrscheinlich, weil wir sie mit Gefahr gleichsetzen. Versuchen Sie deshalb, das Aufkommen von schmerzlichen oder ärgerlichen Empfindungen bei Ihrem Kunden zu vermeiden. Spielen Sie nicht mit Ängsten, klammern Sie Persönliches aus, wenn es negativ belegt ist. Sorgen Sie mit Ihrer Wortwahl und Ihrem Auftreten für eine angenehme Gesprächsatmosphäre. Und vor allem: Verstärken Sie Positives, so verlieren negative Aspekte an Gewicht!

Alle Sinne ansprechen

Worte wollen wohl bedacht sein. Aber sie stellen nur eine Ebene des Gesprächs dar. Sie sprechen nur einen Sinn an – den auditiven. Der Mensch hat aber (mindestens!) fünf davon! Und sie alle tragen ihren Teil zur Entscheidung bei, wollen mit angesprochen werden. Sie können dies nutzen, um Ihre Aussagen zu verstärken.

HINTERGRUND: Mit allen Sinnen gewinnen – multisensorisches Marketing

Das Marketing hat die Emotionen, das multisensorische Branding, bereits lange entdeckt. Menschen werden mit ihren unterschiedlichsten Sinnen angesprochen. Und: Es sind mehr als fünf! Denn auch die »physiologischen Sinne« wie Temperatursinn, Schmerzempfindung, Gleichgewichtssinn oder unsere Körperempfindung wirken auf unsere Kaufentscheidung ein. Sie stimulieren unsere »inneren Sinne«, zu denen Wahrnehmung und Empfindung, Vorstellung und Repräsentation, Erleben, Gedächtnis und Erinnerung zählen. Welchen Einfluss diese Sinne auf uns haben, spüren wir jeden Tag: Der Duft von frisch gebackenem Brot oder frisch gebrühtem Kaffee erinnert uns an ein gemütliches Frühstück. Glühwein und Schnee an die beste Skihütte. Das Rot der Erdbeeren lässt uns ihren süßen Geschmack erahnen. »Möchten Sie wirklich auf diesen Genuss verzichten? Wo er doch so sehr für Sommer, Spaß und Leichtigkeit steht? Für Erdbeerkuchen im Garten, bei bester Laune und lautem Lachen? Doch bestimmt nicht!«

Die Werbung spricht diese Sinne unterschiedlich an: der Keks, der laut – weil frisch – knackt, der Kaffeeduft, der unter der Tür ins Schlafzimmer zieht, die Kirschen, die den Sommeranfang »einläuten« …

Indem Sie diese Sinne beim Kunden ansprechen, erzeugen Sie ein Wohlgefühl, in dem Entscheidungen leichter getroffen werden.

Visualisieren Sie Verwenden Sie zum Beispiel Tabellen und Grafiken: Mit diesen Hilfsmitteln können Sie Ihre Aussagen untermauern, können sie quasi belegen. Denn viele Menschen trauen dem gedruckten Wort immer noch mehr als dem gesprochenen. Ein weiterer Aspekt: Wenn Sie Ihre Argumentation in einer Grafik oder einer Tabelle darstellen, wirkt sie nachhaltiger, nachvollziehbarer, logischer – und damit glaubwürdiger. Dies ist vor allem bei Ingenieuren und Steuerberatern wichtig – Menschen, die es gewohnt sind, mit Zahlen umzugehen. Die sich »in ihrem Element« fühlen, wenn sie über Zahlen angesprochen werden. Juristen bevorzugen Texte, kreative Menschen mögen Grafiken und Schaubilder, die Kernaussagen auf den Punkt bringen. Manager und Entscheider bevorzugen Tabellen und Zahlen, Verkäufer mögen Bilder!

... und noch viel mehr Also: Kringeln Sie Zahlen in Tabellen ein. Entwickeln Sie »aus der Hand« Grafiken und Schaubilder. Unterstreichen Sie Kernaussagen in Foldern, Broschüren, auf dem Tablet-PC oder zeigen Sie Grafiken und Animationen auf dem iPad – sprechen Sie alle Sinne Ihrer Kunden umfassend an: auf dem auditiven Kanal, mittels Visualisierung, mit »In-die-Hand-drücken«, auch mit Material, mit Musik, in vielen Branchen auch mit Düften, sogar mit Geschmack.

Die Marketingexperten Christiane Gierke und Stephan Nölke schreiben: *»Denn die feststellbaren Eigenschaften senden ständig Zusatz-Botschaften – Botschaften über Beschaffenheit und Qualität, über Wert und (vermutlichen) Preis. Sie erreichen alle unsere äußeren Sinne wie Seh-, Hör-, Geruchs-, Geschmacks- und Tastsinn sowie die ›physiologischen Sinne‹ Temperatursinn, Schmerzempfindung, Gleichgewichtssinn (vestibulärer Sinn, wird von Neurowissenschaftlern auch den oberen fünf zugeschlagen) und Körperempfindung (Propriozeption). Und sie stimulieren auch unsere ›inneren Sinne‹, die Wahrnehmung und Empfindung, aber auch Vorstellung und Repräsentation, Erleben, Gedächtnis und Erinnerung und Reflexion dienen. Gerade hier werden Sys-*

*teme auf tiefster und unbewusster Ebene angesprochen – Systeme,
an denen das moderne Marketing, das auf den aktuellen Erkenntnissen der neurologischen Forschung (Hirnforschung) ansetzt,
sehr interessiert ist.«* (»Das 1 x 1 des multisensorischen Marketings«, Edition comevis, 2010.)

Wo es Ihnen möglich ist, bieten Sie Ihren Kunden im Vertrieb also eine multisensorische Erfahrungswelt, die mit Ihren Produkten oder Dienstleistungen zusammenhängt, und
unterstützen Sie diese mit den Möglichkeiten des »Mitmach-
Webs«. Dazu muss, führen Gierke und Nölke (S. 28) weiter aus, zunächst festgelegt sein, wie die Eigenschaften einer
Produktmarke multisensorisch umgesetzt werden können:
*»Wie sieht unsere Marke aus, wie fühlt sie sich an, wie riecht sie,
wie schmeckt sie, wie klingt sie? In der Umsetzung: Welche Farbe
ist frisch, welches Geräusch klingt lecker, welche Temperatur fühlt
sich fürsorglich an, was ist der Duft von seriös? Oder, in anderen
Attributen gesprochen: Wie bunt ist Freude, wie fühlt sich Kompetenz an, wie ist die Oberfläche von Erfolg gestaltet, wie schmeckt
Tradition oder wie klingt Fernweh?«*

Wo es sich anbietet, können Sie Ihre Kunden natürlich auch
riechen, tasten und schmecken lassen. Im Bereich der Print-
medien können Papiermuster weiterhelfen. Aber auch bei
Finanzprodukten kann Papier als haptisches Erlebnis eine
Rolle spielen. Stellen Sie sich vor, Ihr Finanzberater informiert Sie über eine größere Investition – beispielsweise in
eine Immobilie. Die Informationen dazu erhalten Sie als bil-
lige Schwarz-Weiß-Kopie. Wie reagieren Sie? Und nun stellen Sie sich das Ganze als vierfarbigen Prospekt, gedruckt auf
hochwertigem und schwerem Papier vor. Oder erweitert mit
QR-Code und animiertem Film wie der Kö-Bogen als Ent-
wurf von Daniel Libeskind am Ende der Königsallee in Düsseldorf. Oder gleich als solidem Bausatz, der sich zu einer
Immobilie aufbauen lässt. Wo verbinden sich Information
und Emotion am besten?

**Tasten, riechen,
schmecken**

Heutzutage lassen sich fast alle vorstellbaren Materialien auch beduften: Neuwagengeruch oder Meeresbrise, hochfeine Blütenmischungen oder kühle Waldluft, sonniger Strand bis pudriger Babyduft – es findet sich immer der genau passende Geruch, der bei Kunden Wohlgefühl, Kopfkino, positive Erinnerungen oder freudige Visionen weckt. Der ein Haben-Wollen auslöst.

Selbst mit Geschmacksträgern können Vertriebsmaterialien heute ausgestattet werden, die knusprige Werbemail ist da nur ein Beispiel. Ganz wichtig: Alles, was sich erfühlen lässt: Gewicht, Oberflächenbeschaffenheit, Temperatur, Glätte. »Begreifen« im Wortsinne heißt »verstehen«. Daher: Achten Sie auf Haptik und Textur! Was sich solide, fest und teuer anfühlt, darf auch teuer sein. Was sich luftig oder labbrig anfühlt, funktioniert nicht für hochwertige Produkte.

Fazit: Sie können Ihre Aussagen mit einfachen Mitteln nachdrücklich verstärken. Hirnforscher haben nachgewiesen, dass eine Botschaft, die über verschiedene Wahrnehmungskanäle gleichzeitig in unser Gehirn dringt, bis zu zehnmal stärker wahrgenommen wird als die summierte Stärke der einzelnen Sinneseindrücke. Je mehr Sinne Sie ansprechen, umso eher wird Ihre Botschaft also gehört.

Emotion vor Ratio

Emotionen – geweckt und verstärkt über die fünf Sinne – erleichtern Ihnen den Zugang zu Ihrem Kunden. Und Sie helfen Ihrem Kunden so bei der Entscheidungsfindung. Denn Kaufentscheidungen fallen keineswegs rational. Auch hier gilt: Emotion kommt vor Ratio. Der Mensch ist ein emotional handelndes Wesen, das gelegentlich durch die Vernunft darin unterbrochen wird.

Was Praktiker im Vertrieb bereits lange wussten, hat jetzt die Hirnforschung mithilfe der Magnetresonanztomographie belegt. Doch ich will Sie hier nicht mit Ausflügen in die Medizin langweilen. Schauen wir lieber in die Praxis. Reisen wir gedanklich zurück in den Sommer 2009, die Zeit der weltweiten Wirtschaftskrise. Mit einem grandiosen Coup hat die Bundesregierung ein Volk von Autofahrern zu Zahlenanalphabeten gemacht. Von heute auf morgen konnte plötzlich niemand mehr rechnen. Und das nur, weil »Otto Normal« etwas vom Staat haben konnte.

Was war passiert? Der Staat bot jedem Bürger eine Prämie von 2500 Euro – wenn er sein mindestens neun Jahre altes Auto verschrottete und sich stattdessen einen Neu- oder Jahreswagen kaufte. Ziel war, der notleidenden Automobilindustrie zu helfen. Die Rechnung ging auf. Tausende von Autos landeten in der Schrottpresse. Auch Pkw, die alles andere als schrottreif waren, deren Wert weit über 2500 Euro lag. Das Komische: Die Besitzer wussten dies und hechelten dennoch nach der Prämie.

Beispiel Abwrackprämie

Wieso? Die Menschen bekamen etwas umsonst. Ein Geschenk vom Staat. Die Regierung hat das Belohnungssystem im Gehirn ihrer Bürger aktiviert. Und schon war der Verstand ausgeschaltet. Haben wollen – dies war der Gedanke. Auch wenn der Tausch Auto gegen Prämie nicht lukrativ war oder es sinnvoller gewesen wäre, zu warten: Weil der Job unsicher ist, weil die Preise steigen oder aus einem anderen Grund.

Relevanz zählt

Dennoch haben nur die Bürger einen neuen Pkw gekauft, für die ein Neuwagen relevant war. Die sich bereits – bewusst oder unbewusst – mit einem Neuwagenkauf beschäftigt hatten, weil sie gerne einen neuen Wagen haben wollten oder einen brauchten. Viele haben eine Entscheidung, die vielleicht für 2010 anstand, vorgezogen. Statt den alten Wagen noch zu fahren und sich Monate später einen neuen zu kaufen, wurde schnell gehandelt, um sich die Prämie zu sichern. Andere potenzielle Käufer haben mit dem Gedanken gespielt – und fahren noch heute ihr altes Auto, das im Zweifel viel weniger Wert ist als die gebotenen 2500 Euro.

In beiden Fällen hat unser Gehirn binnen Sekunden eine Entscheidung getroffen, indem es zwischen wichtigen und unwichtigen Informationen differenzierte. Wichtig ist erst einmal alles, was uns emotional anspricht, uns freut, begeistert, neugierig macht oder uns in Angst versetzt. Ist dies der Fall, werden die Informationen aufgenommen und weiterverarbeitet. Und dies so lange, wie unser Gehirn sie als emotional relevant einstuft. Langweilt uns etwas, hat das Angebot keine Chance mehr. Dabei ist die Vielfältigkeit der emotionalen Relevanz fast unendlich. Probieren Sie es einfach aus! Stellen Sie sich ein Weizenbier vor. Welche Bilder sehen Sie? Womit verbinden Sie einen Aston Martin? Einen Strandurlaub? Einen Boss-Anzug? Oder eine Rolex-Uhr?

Das Gehirn – Ursprung unserer Emotionen

Christoph Labude weist in seinem Buch »Wie entscheiden Kunden wirklich? Mit dem Wissen des Neuromarketings zu mehr Erfolg im Vertrieb« (Linde international) darauf hin, dass Emotionen ihren Ursprung in unserem Gehirn haben. Und zwar im Limbischen System, einem alten, aber wichtigen Bereich unseres Hirns. Von dort aus wirken sie im Unterbewusstsein, und dies schneller als »bewusste« oder »rationale« Entscheidungen. Dabei laufen in unserem Gehirn drei Programme ab, die unsere Emotionen steuern: Balance, Dominanz und Stimulanz. Der Hirnforscher Professor Georg Häusel nennt diese Programme »limbische Instruktionen«.

- *Balance:* Hier geht es um Sicherheit, Risikovermeidung und Harmoniestreben. Veränderungen werden zugunsten von Stabilität vermieden. Ignorieren wir unser Balancesystem, geraten wir in Angst, Furcht und Panik. Räumen wir ihm zu viel Platz ein, lassen wir uns hemmen, da wir dann zu vorsichtig werden.

Die limbischen Instruktionen

- *Dominanz:* Bei diesem System stehen Machtwille und Autonomiestreben im Mittelpunkt. »Sei besser als die anderen« und »Vergrößere deine Macht« lauten hier die Maximen. Ist unser Streben nach Dominanz erfolgreich, reagieren wir mit Stolz und dem Gefühl von Überlegenheit. Unterdrücken wir das Bestreben oder scheitern bei der Umsetzung, sind Unruhe und Ärger, manchmal auch Wut die Folge.

- *Stimulanz:* Kreativität und Spontaneität sind hier bestimmend. Ziel sind die Entdeckung von Neuem, die Suche nach Abwechslung und der Wunsch, sich von anderen zu unterscheiden. Ohne Stimulanz wären wir wahrscheinlich immer noch in unseren Höhlen, hätten viele Nahrungsmittel und Lebensräume nicht entdeckt.

Neben diesen drei Hauptsystemen gibt es viele weitere, die zum Teil den oben genannten Systemen zugeordnet werden, teilweise eine Zwischenstellung einnehmen. Nach Erkenntnissen des Forscherteams rund um Professor Hans-Georg Häusel (siehe Literaturverzeichnis) und anderen können hier beispielhaft genannt werden das *Bindungs- und Fürsorgemodul*, das *Spielmodul*, das *Jagd- und Beutemodul*, das *Raufmodul*, das *Appetit- und Ekelmodul* und das *Sexualitätsmodul*. Auch diese Module sind mit Blick auf den Vertrieb durchaus wichtig. Schauen wir einmal genauer hin:

Lesetipp – Hans-Georg Häusel: »Neuromarketing. Erkenntnisse der Hirnforschung für Markenführung, Werbung und Verkauf«

- *Bindungs- und Fürsorgemodul:* Hier geht es darum, dass der Mensch zum Überleben eine soziale Gruppe, eine (Art)

Die limbischen Module

Familie braucht, die ihm Sicherheit gibt. Dieses Modul ist eng mit dem Balancesystem verbunden. Für Marketing und Vertrieb bedeutet dies: Kunden orientieren sich bei ihrer Entscheidung auch am Verbraucherverhalten ihrer »Familie«. Dies spielt beispielsweise beim Empfehlungsmarketing eine Rolle oder beim »Gefällt mir«-Button in Facebook. Argumentieren Sie im Verkaufsgespräch daher mit anderen Kunden, die der Lebens- und Wertewelt Ihres Gesprächspartners entstammen. Erzählen Sie, warum Herr Y oder Unternehmen Z sich für das vorgestellte Produkt entschieden hat.

- *Spielmodul:* Begeisterung für (Glücks-)Spiele, technische Spielereien oder anderen spielerischen Schnickschnack wird durch das Spielmodul ausgelöst. Es gehört zum Stimulanzsystem und ist bei Kindern stärker ausgeprägt – und da natürlich auch mit anderen Schwerpunkten. Im Verkaufsgespräch können Sie mit diesem Modul »spielen«: Stecken Sie Ihren Gesprächspartner mit Ihrer eigenen Begeisterung an. Lassen Sie ihn Produkte anfassen und nach Möglichkeit ausprobieren. Oder wie wäre es – bei komplexen, hochwertigen Produkten – mit einer Miniatur für den Schreibtisch? Wie einer Mini-Dampfmaschine, die Ihr Kunde jeden Tag von Neuem zum Laufen bringt – und die ihn Tag für Tag an *Sie* erinnert!

- *Jagd- und Beutemodul:* Es gibt Menschen, die ihrer EC- oder Kreditkarte den Namen »Beutekarte« gegeben haben. Genau diese Menschen finden Sie vor Saisonverkäufen überpünktlich vor den Kaufhäusern. Später, nach Einlass, an den Schnäppchentischen. Im B2B-Segment sind das die Kunden, die nach günstigeren Angeboten fahnden, die alles noch preiswerter haben möchten. Und genau da können Sie Ihren Kunden ansprechen: mit einem überzeugenden Preis-Leistungs-Verhältnis, dem höheren Preis beim Wettbewerber, dem kurzfristigen Angebot oder dem

Versprechen, dass er einen Teil des Kaufpreises zurückbekommt, wenn er das gleiche Produkt woanders günstiger erhält.

- *Raufmodul:* Hier geht es um aktives und passives Interesse am Wettkampf. In Vertriebsgesprächen kann dies zum Kräftemessen führen – auch in positiver Weise. Denn der »Gegner« muss nicht der Gesprächspartner sein. Verlegen Sie den Wettkampf einfach auf den Markt: Ihr Gegenüber möchte besser sein als der Wettbewerber? Sie haben die »Waffen«, sprich Produkte, Teilprodukte oder Dienstleistungen dafür.

- *Appetit- und Ekelmodul:* Dieses Modul hindert uns daran, verdorbene oder schädliche Nahrung aufzunehmen. Bei Kaufentscheidungen wird es im übertragenen Sinne bei der Produktwahl umgesetzt: Wir greifen zu den Produkten, die (für uns) angenehm, also positiv riechen oder schmecken. Deren Farben wir mit dem Gefühl von Wohlbefinden verbinden usw. Nutzen Sie dies im Verkaufsgespräch, indem Sie Ihre Produkte mit angenehmen Dingen aus dem Umfeld Ihres Gesprächspartners vergleichen. Eine Maschine kann so schnell sein wie ein Jaguar, so leise laufen wie ein Mercedes-Motor oder so umweltfreundlich sein wie ein Segelboot.

- *Sexualmodul:* Wir alle möchten begehrenswert sein. Und wir setzen dazu Produkte ein – ein schnelles Auto eher bei Männern, Kosmetika und Kleidung eher bei Frauen. Uns ist der Ursprung dieser Handlungen nicht bewusst, da sie im Gehirn – ebenso wie die anderen Module – unbewusst ablaufen. Trotzdem können Sie das Wissen um diesen Prozess aktiv nutzen, denn Status-Symbole spielen auch heute noch eine wichtige Rolle. Allerdings haben sich die Status-Produkte gewandelt. Helfen Sie Ihren Kunden deshalb innerhalb des Verkaufsgesprächs ruhig »auf die

Sprünge«. Weisen Sie auf den potenziellen oder vorhandenen Kult-Charakter Ihres Produktes hin. Erzählen Sie, welche hochrangigen Menschen, welche bekannten Unternehmen und Marken *Ihr* Produkt nutzen.

Jedes dieser Programme und Module läuft in unserem Unterbewusstsein. Zusammen bestimmen sie unser Handeln laut Labude zu 50 bis 70 Prozent. Die emotionale Filterung ist schneller als jede rationale Abwägung, und sie ist dieser vorgeschaltet. Allerdings bedeutet dies nicht, dass die Ratio komplett vernachlässigt werden darf: In einigen Fällen werden die Informationen nach der (emotionalen) Bewertung rational weiterverarbeitet.

Emotionen ansprechen – von Anfang an

Weshalb dieser Ausflug in die Hirnforschung? Weil die Ergebnisse das bestätigen, was ich seit Jahren in der Praxis erlebe: Sie können einen Kunden nur dann gut beraten, wenn Sie ihn auf der emotionalen Ebene ansprechen. Wenn er Sie sympathisch findet, Sie eine gemeinsame Wellenlänge haben. Und: Sie können nicht jedem alles verkaufen. Egal, welche Worte Sie wählen, welche Zahlen oder Grafiken Sie aufs Papier bringen: Ein junger Familienvater wird sich wohl kaum einen Sportwagen kaufen. Und der kreative Art-Director kann vermutlich gut auf den Kombi verzichten.

Auch Produkte sind Persönlichkeiten

Bevor Sie also ins Gespräch einsteigen, machen Sie sich Gedanken darüber, was zu Ihrem Kunden passt. Welches Produkt braucht er wirklich? Welche Zusatzoptionen sind wichtig, welche überflüssig? In welcher Werte- und Sinneswelt lebt er? Hierbei helfen Ihnen die beschriebenen Persönlichkeitsprofile. Wagen Sie doch einmal einen Wechsel der Perspektive: Versuchen Sie, für Ihre Produkte ein Persönlichkeitsprofil zu erstellen. Versehen Sie die Artikel mit entsprechenden Argumenten, die Sie später in das Verkaufsgespräch einfließen lassen.

Wie wichtig die Vorbereitung ist, wie viel Wert die Kunden darauf legen, dass sie ernst genommen werden, zeigt auch folgendes Beispiel: Ein internationaler Konzern hatte mich eingeladen, mit dem Europachef über Vertriebstrainings für seine Führungsmannschaft zu sprechen. Der Termin begann damit, dass ich mich ärgerte: über die Unpünktlichkeit des Gesprächspartners, über sein Auftreten – er würdigte mich beim Reinkommen keines Blickes – und seine Unfreundlichkeit. Sein ganzes Gehabe zeigte: Ich bin der Chef – was willst du von mir? Als er mir seine Visitenkarte über den Tisch warf, steckte ich sie wortlos ein und provozierte damit die Frage, ob ich es nicht nötig habe, ihm meine Karte zu geben. Ob ich schon so bekannt sei? Meine Antwort war ruhig und sachlich: Ich hätte ihm die Unterlagen im Vorfeld geschickt und ginge davon aus, dass er sich – ebenso wie ich – vorbereitet hätte. Wenn dem so sei, läge ihm meine Karte vor. In diesem Moment wandelte sich das Gespräch. Dieses Vorspiel war nichts anderes als ein Test. Er wollte wissen, ob ich tough genug war, mit solchen Situationen umzugehen. Nachdem das geklärt war, konnten wir uns den Inhalten widmen. Das tun wir noch heute erfolgreich.

Natürlich hatte ich die Unterlagen speziell auf diesen Kunden hin vorbereitet. Und natürlich ging es im weiteren Gespräch vor allem um eines: den Kundennutzen. Dabei ist es bei Trainings ein wenig wie beim Taschenrechner: Kein Käufer interessiert sich dafür, was sich in seinem Innern abspielt. Aber jeder möchte von seinem Nutzen profitieren: den schnellen und zuverlässigen Rechenergebnissen. Oder Trainingsergebnissen. Resultate zählen! Und nun kommt es darauf an: Ist der Taschenrechner klein und schick designt? Hat er zusätzliche Tools, die den Spieltrieb im Mann und in der Frau ansprechen? Funktioniert er solarbetrieben? All diese

Eigenschaften machen seine »Persönlichkeit« aus und sind mit einem Nutzen verbunden, der die Kaufentscheidung beeinflusst.

Das funktioniert übrigens mit allen Produkten. Auch Schuhen, Deos – oder selbst einer Glühbirne – lassen sich solche »Persönlichkeiten«, lassen sich Profile zuordnen, aus denen der Nutzen für den Kunden abgeleitet werden kann. Dies setzt natürlich voraus, dass Sie Ihr Produkt gut kennen und entsprechend erklären können. Auch bei Trainings zeigt sich erst durch regelmäßige Wiederholung die Wirkung. Bei guten rentiert sich das oft tausendfach!

Wie wichtig es für einen guten Verkäufer ist, seine Kunden, seine Produkte und Dienstleistungen zu kennen, hat auch das Forschungsprojekt VertriebsIntelligenz® gezeigt.

Kein Widerspruch: Kundenorientierung und abschluss-orientiertes Verhalten

Das Institut für Marktorientierte Unternehmensführung an der Universität Mannheim hat sich ebenfalls intensiv mit dem Verhalten von Verkäufern im Kundenkontakt beschäftigt. Die Wissenschaftler gingen unter anderem der Frage nach, ob sich kundenorientiertes und abschlussorientiertes Verhalten ausschließen. Das klare Ergebnis der Studie: Erfolgreiche Vertriebsmitarbeiter vereinen beides! Sie demonstrieren das höchste Maß an Engagement, indem sie die Interessen des eigenen Unternehmens und die des Kunden in ausgewogenem Maß berücksichtigen. Damit zeigen sie sich überdurchschnittlich kunden- und abschlussorientiert. Was heißt das? »Umsatz-Maschinen« bieten ihren Kunden die Produktlösungen an, die für sie am besten geeignet sind, auch dann, wenn sie mit anderen Produkten höhere Margen

Auszug aus dem Forschungsprojekt VertriebsIntelligenz®:
Teilergebnis Verkäufereigenschaften

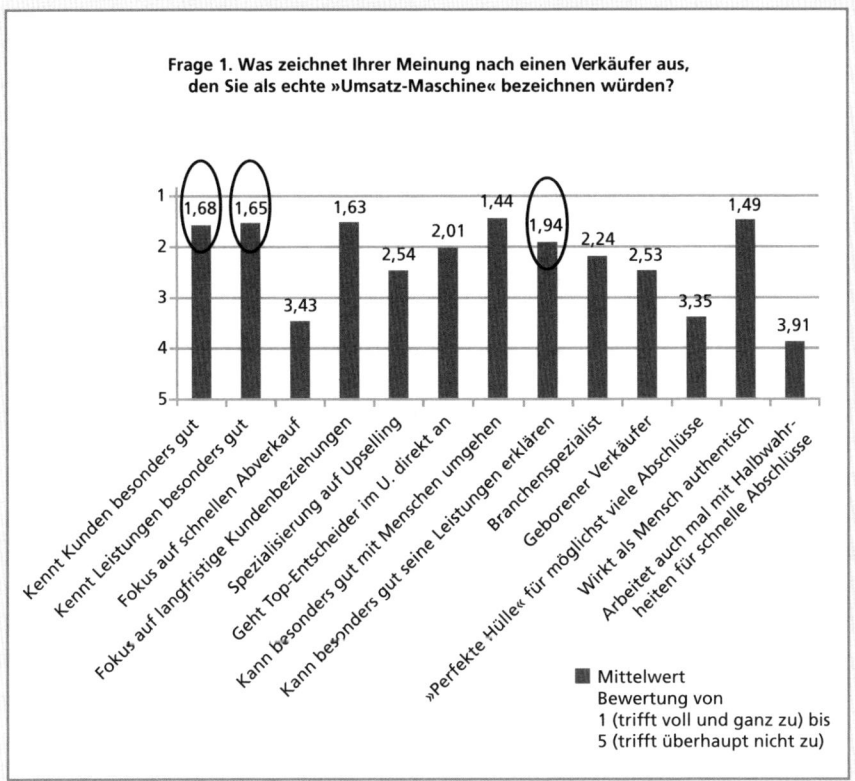

Frage 1. Was zeichnet Ihrer Meinung nach einen Verkäufer aus,
den Sie als echte »Umsatz-Maschine« bezeichnen würden?

■ Mittelwert
Bewertung von
1 (trifft voll und ganz zu) bis
5 (trifft überhaupt nicht zu)

Die Merkmale »kennt Leistungen besonders gut«, »kennt Kunden besonders gut« und
»kann besonders gut seine Leistungen erklären« erhielten im Rahmen des Forschungsprojekts VertriebsIntelligenz® die Schulnoten 1,65, 1,68 und 1,94. Damit landeten sie auf den
Plätzen 4 bis 6 der Top 10 der Eigenschaften eines guten Vertriebsmitarbeiters.

erzielen könnten. Die Interessen der Kunden sind also wichtiger als der eigene schnelle Erfolg.

HINTERGRUND: (Wieder) Im Mittelpunkt: der Kunde

Die Strategieberatung KEYLENS Management Consultants hat im Rahmen ihrer Studie »Customer Centricity – Ergebnissteigerung durch Kundenorientierung« herausgefunden, dass Kunden wieder verstärkt die strategische Ausrichtung von Unternehmen beeinflussen. Durchgeführt wurde die Studie, für die 200 Führungskräfte aus Management und Marketing befragt wurden, zusammen mit dem Lehrstuhl für Innovatives Markenmanagement an der Universität Bremen. Die Experten geben auch direkte Tipps für eine erfolgreiche Kundenorientierung:

1. Kundenwissen aufbauen und nutzen

2. Kundenstrategien definieren: Wie können einzelne Kundensegmente ausgebaut werden?

3. Zentrale Verantwortlichkeit zur Entwicklung von Kundenstrategien innerhalb des Unternehmens benennen

4. Mitarbeiter und Chefetage in kundenfokussierte Prozesse einbinden

5. Kundenstrategien und Maßnahmen regelmäßig hinterfragen

(Quelle: http://www.keylens.com/keylensde/presse/news-detailansicht/browse/3/article/keylens-customer-centricity-studie-gute-vorsaetze-fuers-neue-jahr-2011-wird-das-jahr-der-kun.html?tx_ttnews%5BbackPid%5D=88&cHash=47126a0d64a04ba81b43c3e48451c54b)

Übrigens: Verkäufer, die Kundenbedürfnisse über die eigenen stellen, sind trotzdem erfolgreicher als solche, die schon einmal über das Ziel hinausschießen, also hauptsächlich abschlussorientiert handeln und dies im Zweifel auch gegen die bekannten Kundeninteressen tun. Kunden wissen nämlich, wann man sie ernst nimmt. Weil sie spüren, ob sie als Mensch gesehen oder als notwendiges Übel wahrgenommen werden, das kurzfristig Geld in die Kasse spülen soll. Weil sie den Unterschied zwischen einer 08/15-Beratung und einer qualitativ hochwertigen Betreuung innerhalb der ersten Gesprächsminuten erkennen. Und sie danken dem Verkäufer eine gute, individuelle Beratung. Dazu gehört auch, dass Sie den Kunden proaktiv beraten, also nicht darauf warten, dass er Sie anruft, sondern ihn auch nach erfolgtem Abschluss weiter begleiten. Dann ist es völlig in Ordnung, wenn Sie Ihr Produkt an den Mann beziehungsweise die Frau bringen wollen.

Eine gesunde Abschlussorientierung wirkt sich also keineswegs negativ auf die Kundenbeziehung aus. Im Gegenteil: Die Kunden finden es gerechtfertigt, wenn Sie einen Abschluss erzielen wollen. Mit diesem Vorhaben sind Sie schließlich ins Gespräch gegangen. Haben Sie sich mit dem Kunden, seinen Anforderungen und Ihren Produkten beschäftigt? Haben Sie Ihren Gesprächspartner beraten und eine für ihn optimale Lösung gefunden? Wenn Sie richtig gut waren, dann wollen jetzt nicht nur Sie einen Abschluss, sondern auch Ihr Kunde. **Die Balance muss stimmen**

Dies bestätigen die Ergebnisse der Forschungsprojektes VertriebsIntelligenz®. Bei der Frage, welche Maßnahmen die Teilnehmer ergreifen würden, um ein Unternehmen zur »Kunden-Maschine« zu machen, wurde die Kundenorientierung von allen möglichen Antworten am häufigsten genannt (35 Prozent).

Verzweifelt gesucht: Sympathen mit Kompetenz

Was bedeutet all das für Sie? Als Führungskraft, als Vertriebsleiter, als Vertriebsmitarbeiter? Der Kunde 3.0 kauft eben nicht (nur) von Siegern. Er kauft zunehmend auch von Sympathen. Von Menschen, denen er vertraut. Die ehrlich sind und die langfristige Kundenorientierung vor das eigene Geld-verdienen stellen. Solche Verkäufer machen die Abschlüsse von ganz alleine ... weil sie das Wohl des Kunden im Blick haben – und er das spürt und belohnt. Solche Verkäufer laden Kunden zum Kaufen ein.

PRAXISTIPP: Das macht eine Umsatz-Maschine im Vertrieb aus

Umsatz-Maschinen ...

... sind authentisch und ehrlich.

... respektieren den Kunden mit seinen Anforderungen und Werten.

... hören aktiv zu, um den wirklichen Bedarf des Kunden zu ermitteln.

... stellen zielführende Fragen.

... beraten proaktiv und kundenindividuell.

... kennen sowohl ihre Produkte als auch ihre Kunden.

... präsentieren die Produkte bedarfs- und faktenorientiert.

... argumentieren und handeln lösungsorientiert.

... sind an einer langfristigen Kundenbeziehung interessiert.

... stellen im Zweifel die Kundeninteressen über den kurzfristigen Abschluss.

FAZIT

Und das heißt für Sie im Vertrieb konkret:

1. Bleiben Sie authentisch. Niemand erwartet, dass Sie die gleichen Werte und Überzeugungen haben wie Ihre Kunden.

2. Sprechen Sie Ihre Kunden typgerecht an. Bereiten Sie Ihre Verkaufsunterlagen entsprechend vor. Nutzen Sie passende Sprachmuster und Argumentationen. Bleiben Sie dabei ehrlich. Halbwahrheiten haben im Verkaufsgespräch keinen Platz.

3. Emotionalisieren Sie Ihre Angebote. Damit unterstreichen Sie deren Relevanz für den Kunden.

4. Bieten Sie Ihren Kunden nur Produkte an, die für ihn auf Basis seines Bedürfnis- und gegebenenfalls seines Persönlichkeitsprofils wirklich relevant, hilfreich, nützlich sind. Das bewahrt Sie und den Kunden vor Enttäuschungen.

5. Stellen Sie Kundenorientierung vor Abschlussorientierung. Ein schneller Erfolg bringt weniger als eine langfristige Kundenbeziehung.

5. KAPITEL

VERTRIEB GEHT HEUTE ANDERS ...

... weil Vertrieb viel schneller auf Megatrends reagieren muss: der neue RoI – Risk of Ignoring

In diesem Kapitel lesen Sie, wie Megatrends unser Verhalten, unsere Konsummuster und unsere Arbeitswelt beeinflussen. Vor allem beeinflussen sich Trends gegenseitig. Dies wirkt sich auf die ganze Gesellschaft, auf die Wirtschaft wie auf die Wettbewerbsfähigkeit von Unternehmen aus. Denn wer morgen im Markt dabei sein will, muss heute Trends erkennen, berücksichtigen und mitgestalten: im gesellschaftlichen Leben, im Unternehmen – und vor allem auch im Vertrieb.

Die Schnellen fressen die Langsamen »Nicht die Großen fressen die Kleinen – die Schnellen fressen die Langsamen« – dieses Bonmot regiert die Welt. Schnell mit innovativen Produkten auf neue Bedürfnisse der Kunden und aktuelle Trends zu reagieren – ist das überhaupt machbar? Ich sage: Ja, denn wirklich überraschend kommen die meisten Trends nicht. Im Gegenteil: Schließlich ist ein Trend nichts anderes als die Grundrichtung einer Entwicklung, die sich über einen längeren Zeitraum hinweg erstreckt, statistisch erfassbar oder qualitativ beschreibbar ist. Um diese Trends zu erkennen, beobachten Unternehmen, Trendscouts und Marketingverantwortliche täglich gesellschaftliche und wirtschaftliche Tendenzen. Sie wissen, wo sich Meinungen und Anforderungen ändern, was sich zu einem »In-Produkt« oder zu einem No-Go entwickelt. Welche Technologien akzeptiert, welche abgelehnt werden. Auch Augmented Reality erobert den Markt nicht von heute auf morgen. Aber sie bekommt – dank Smartphones – jetzt ihre Chance zum Durchbruch in gesellschaftliche Anwendungsrealität. Dass dies so geschehen wird, wurde bereits vor Jahren vorausgesagt. Und zwar von John Naisbitt, der vor über 25 Jahren mit seinem Buch »Megatrends« einen Bestseller landete und so zum Wegbereiter der Trendforschung in Wirtschaft und Gesellschaft wurde.

Megatrends – Blick in die Zukunft

Megatrends – das sind langfristige Prozesse, die die Wirtschaft wie die ganze Gesellschaft prägen. Sie beeinflussen unsere Arbeitswelt ebenso wie unser Privatleben. Um zu erkennen, welche großen Trends auf uns einwirken, werden aktuelle Entwicklungen weitergedacht. Zukunfts- und Trendforscher wie Dr. Pero Mićić, Matthias Horx oder Peter Kruse rechnen diese Entwicklungen für die nächsten zehn, 15 Jahre hoch. Und sie sagen uns, womit wir rechnen sollten. Genau dies hat auch Naisbitt gemacht. Und er hat mit vielen Voraussagen recht gehabt.

20 Megatrends beeinflussen unsere Zukunft

Der Wunsch, in die Zukunft zu schauen, ist wohl so alt wie die Menschheit. Wahrsager und Orakel waren an Königshöfen gern gesehen. Horoskope erfreuen sich seit Jahrzehnten größter Beliebtheit. Und Wirtschaftsweise versuchen Jahr für Jahr vorauszusagen, wohin sich die deutsche Wirtschaft entwickeln wird. Dieser Wunsch nach Wissen, nach Sicherheit verstärkt sich durch die Globalisierung, die immer kürzer werdenden Entwicklungszeiten bei Produkten und Technologien sowie durch die zunehmende Angst vor Arbeitslosigkeit und Armut.

Aber auch Unternehmen wollen verstärkt wissen, wohin die Reise geht. Welche Produkte und Dienstleistungen morgen und übermorgen nachgefragt werden. Dementsprechend groß ist das Interesse an Megatrends. Das Beratungsunternehmen Z_punkt GmbH The Foresight Company hat 20 dieser Megatrends als die wichtigsten für die folgenden Jahre benannt. Auf einige von ihnen sind wir bereits eingegangen: die neue Stufe der Individualisierung beispielsweise, die sich unter anderem in der Entwicklung vom Massenmarkt zum Mikromarkt zeigt und die Wirtschaft in eine Mitmach-Ökomomie verwandelt, in der der Kunde 3.0 das Internet nutzt, um an der Gestaltung neuer Produkte mitzuwirken.

HINTERGRUND: Megatrends – so entwickeln sich Wirtschaft und Gesellschaft

Welche Tendenzen beeinflussen uns in den kommenden Jahren? Das Beratungsunternehmen Z_punkt GmbH The Foresight Company hat 2008 folgende Megatrends als die 20 wichtigsten definiert:

1. **Demografischer Wandel:** Die Menschen in Europa werden älter, die Bevölkerungszahl nimmt ab; parallel gibt es in den Entwicklungsländern einen Geburtenboom. Es kommt zu anwachsenden Migrationsströmen und demografischen Verwerfungen.

2. **Neue Stufe der Individualisierung:** Der Individualismus wird zum globalen Phänomen; damit einher geht ein verändertes Beziehungsgeflecht: Zwischen den Menschen gibt es nur noch

wenige starke, dafür viele lose Bindungen; die Wirtschaft entwickelt sich vom Massenmarkt zum Mikromarkt. Selbstversorgung und Mitmach-Ökonomie gewinnen an Bedeutung.

3. **Boomende Gesundheit:** Das Gesundheitsbewusstsein der Menschen steigt. Ebenso wie die Bereitschaft, für das eigene Wohlbefinden Verantwortung zu übernehmen. Neben dem Markt für die Versorgung der Kranken entsteht ein neuer Markt, in dem Lifestyle, Schönheit und Gesundheit verschmelzen.

4. **Frauen auf dem Vormarsch:** Frauen prägen zunehmend Produkt- und Serviceanforderungen. Ihre »Soft Skills« sind aus der Wirtschaft nicht mehr wegzudenken. Work-Life-Balance gewinnt noch mehr an Bedeutung. Hersteller entwickeln immer mehr Marken, die Männer und Frauen emotional, kommunikativ, innovativ und involvierend ansprechen – sogenannte Humine Brands.

5. **Kulturelle Vielfalt:** Es entwickeln sich zusehends plurale Lebensformen zwischen Moderne und Tradition. Wertesysteme konkurrieren global miteinander, es entstehen hybride Kulturen.

6. **Neue Mobilitätsmuster:** Die Mobilität steigt global an. Es kommt immer häufiger zu Mobilitätsbarrieren. Verkehrsinfrastrukturen werden weiter ausgebaut, neue Fahrzeugkonzepte und Antriebstechnologien entwickelt.

7. **Digitales Leben:** Das Web 2.0 erobert den Alltag und lässt die Grenzen zwischen realer und virtueller Welt verschwimmen. Neue Business-Welten entstehen.

8. **Lernen von der Natur:** Die neue Leitwissenschaft heißt Biologie. Damit einher gehen die Renaissance der Bionik und die Entdeckung der Schwarmintelligenz, die sich in neuen sozialen Organisationsformen äußert.

9. **Ubiquitäre Intelligenz:** Die IT-Revolution schreitet voran. Technische Geräte werden miteinander verknüpft, um das Leben zu erleichtern. Neurowissenschaften, künstliche Intelligenz und

Robotik gewinnen an Bedeutung. Die Gesellschaft wird immer transparenter, Überwachung und Kontrolle nehmen zu.

10. **Konvergenz von Technologien:** Informations- und Nanotechnologie werden zu Konvergenztreibern. Sie finden in zahlreichen Bereichen Anwendungen – in der Medizin ebenso wie im Energiesektor oder bei der Entwicklung neuer Materialien.

11. **Globalisierung 2.0:** Es entsteht eine globale Mittelklasse; Finanzen strömen schon länger global, Unternehmen entwickeln globale Strategien, die bei Bedarf regional oder lokal angepasst und damit auch umgesetzt werden. Asien übernimmt eine neue Rolle – ebenso wie der Westen.

12. **Wissensbasierte Ökonomie:** Innovation wird zum zentralen Wettbewerbstreiber. Damit werden Wissen und Lernen zum Fundament der Gesellschaften und der Individuen. Es bildet sich eine neue globale Wissenselite.

13. **Business-Ökosysteme:** Die Wirtschaft wird von Wissen und Innovation getrieben. Kundenintegration und Kooperationswettbewerb bilden neue Wertschöpfungsketten. Die Grenzen von Branchen, Märkten und Unternehmen verschwimmen. An den Schnittstellen entstehen neue Märkte.

14. **Wandel der Arbeitswelt:** Die Automatisierung in der Produktion, der Service- und Wissenssektor nehmen weiter zu. Flexible, interaktive Arbeitsstrukturen verstärken die zunehmende Dynamisierung der orts- und zeitungebundenen Arbeit.

15. **Neue Konsummuster:** Der Wohlstand erreicht die Dritte Welt. Der Luxus erobert China, Indien und Russland. Moralischer Konsum und Produkte, die in Farben und Materialien von der Umwelt inspiriert sind, gewinnen im Westen an Bedeutung.

16. **Umsteuern bei Energie und Ressourcen:** Fossile Brennstoffe werden ebenso knapp wie Frischwasser, Metalle oder Mineralstoffe. Damit gewinnt die Nutzung an alternativen, nachhaltigen

Energiequellen und nachwachsenden Rohstoffen an Bedeutung.
Es kommt zu einer Energieeffizienz-Revolution. Dezentrale
Energieversorgung setzt sich durch.

17. **Klimawandel und Umweltbelastung:** Die Erderwärmung
schreitet voran. Schwellen- und Entwicklungsländer haben
zunehmend mit Umweltproblemen zu kämpfen. Die Nachfrage
nach sauberen Technologien wächst. Unternehmen sind immer
mehr bereit, Verantwortung für die ökologischen Folgen ihres
ökonomischen Handelns zu übernehmen.

18. **Urbanisierung:** Neue Wohn-, Lebens- und Partizipationsformen
entwickeln sich. Die Infrastruktur wird daran angepasst – etwa
an die Megacitys, die an Bedeutung gewinnen.

19. **Neue politische Weltordnung:** In westlichen Demokra-
tien steigt die Krisengefahr, während Indien und China die
Chance haben, zu Weltmächten aufzusteigen. Russland erlebt
eine Renaissance und Afrika kann einen wirtschaftlichen und
politischen Aufbruch erleben.

20. **Wachsende globale Sicherheitsbedrohungen:** Schwelende
kulturelle Konflikte und gescheiterte Staaten, globaler Terroris-
mus und die Verbreitung von Massenvernichtungswaffen lassen
uns zu einer großen Weltrisikogesellschaft werden.

(Quelle: Z_punkt GmbH The Foresight Company: Megatrends, 2008,
www.z-punkt.de)

All diese Megatrends greifen wie Zahnräder ineinander. Kein
Trend entwickelt sich losgelöst von den anderen weiter. Gegenseitig befruchten, beschleunigen sie sich. Der Wandel der
Arbeitswelt (Megatrend 14) mit seinen flexiblen Beschäfti-
gungsstrukturen wäre ohne die Verknüpfung von Technologien (Megatrend Ubiquitäre Intelligenz), ohne den Erfolgs-
zug des digitalen Lebens (Megatrend 7) nicht denkbar. Früher

**Trends bedingen
und pushen
einander**

mussten Angestellte im Büro sitzen, um für Kollegen und Kunden erreichbar zu sein. Heute sind sie erreichbar – und zwar (fast) unabhängig davon, an welchem Ort sie sich befinden. Das Handy hat es möglich gemacht und Anrufe aus dem Büro wurden auf das anfänglich noch aktenkoffergroße Mobiltelefon weitergeleitet. Damit konnten Mitarbeiter sich flexibler bewegen – beispielsweise zu einem Meeting gehen, obwohl sie auf einen wichtigen Anruf gewartet haben. Etwas später konnten sie sogar unterwegs E-Mails abrufen, per Laptop auch im Zug auf Daten zurückgreifen.

Heute ist es selbstverständlich, Dienstreisen aktiv als Arbeitszeit zu nutzen, für Kollegen und Kunden auch unterwegs erreichbar zu sein. Schneller zu reagieren als noch vor zehn Jahren, Dokumente per Mail zu versenden statt per Post. Bürozeiten flexibler zu handhaben und bei Bedarf auch von zu Hause aus zu arbeiten. Immer mehr verschwimmen Arbeitszeiten und Freizeit, Office und Home-Office. Dies erfordert ein Umdenken, was die eigene Disziplin angeht. Hier entsteht ein Trainingsfeld in Sachen Selbstführung und Management. Microsoft hat in Deutschland sogar die Vertrauensarbeitszeit eingeführt. Hier bestimmt jeder erst einmal selbst, wann und von wo aus und auch wie lange er oder sie arbeiten wird. Das Ergebnis dient weiteren Maßnahmen als Grundlage.

Es gibt viele Beispiele für Veränderungen. Denken Sie an die Feminisierung der Gesellschaft und die Entwicklung neuer Produkte und Marken, die auch Männer emotional, kommunikativ, innovativ und involvierend ansprechen. Wer solche Produkte kauft, ist für emotionale Argumente zugänglicher. Er zeigt sich kommunikativ, ist bereit, etwas Neues auszuprobieren. Im Zusammenhang mit dem Wunsch, gesund, fit und attraktiv auszusehen, wächst so beispielsweise das Angebot an Pflegeprodukten für Herren – inklusive Haarfärbemittel gegen graue Schläfen. Nach einer Studie des VKE Kosmetikverbandes im Juli 2010 nutzt bereits jeder sechste Mann

Anti-Aging-Produkte. Aus Vertriebssicht besonders interessant: Männer kaufen ihre Pflegeprodukte durchaus auch in Parfümerien ein. Dabei sind gerade die Parfümeriekunden sehr kosmetikaffin und offen für neue Produkte jenseits von Düften und Deos. Das Fazit des Verbandes: Männliche Parfümeriekunden haben die Vorteile des »Better Aging«, des schöneren und gesünderen Alterns, für sich entdeckt.

Neue Zielgruppen für Unternehmen

Megatrends lassen sich in Erfolgsgeschichten umwandeln. Auf unser Beispiel von eben bezogen: Die männlichen Parfümeriekunden wollen nicht schnell irgendwo kaufen – sie lassen sich auf die emotionale Ansprache einer Parfümerie ein. Sie wollen sich beraten lassen, die Vorfreude genießen, sich zur Wellness verführen lassen. Sie besuchen gezielt Parfümeriefilialen und können dort »abgeholt«, mithin zum Kauf animiert werden.

HINTERGRUND: Kunde 3.0 – (neue) Zielgruppen und Interessengruppen

Prinzipiell beschreibt man im Vertrieb mit *Zielgruppen* die Gesamtheit aller juristischen oder natürlichen Personen, die von einer bestimmten Vertriebsaktion angesprochen werden sollen. Zuordnungskriterien sind klassischerweise (Gabler Wirtschaftslexikon) etwa:

- soziodemografische Aspekte (Alter, Einkommen, Bildung, Geschlecht, Herkunft usw.)

- verhaltensorientierte Aspekte (regelmäßiger Verwender, Stammkunde, Erstkäufer usw.)

- psychologische Aspekte (beispielsweise im Sinne einer Persönlichkeitsdiagnostik wie Insights MDI® oder nach einfachen Kriterien wie Sicherheitsorientierung – Risikofreude, Innovationsfreude – Beharrungsvermögen, Entscheidungsfreude – Zögerlichkeit, Energie – Sanftheit usw.)

- Aspekte der medialen Erreichbarkeit (welche Medien nutzt unser Zielkunde am häufigsten und intensivsten?)

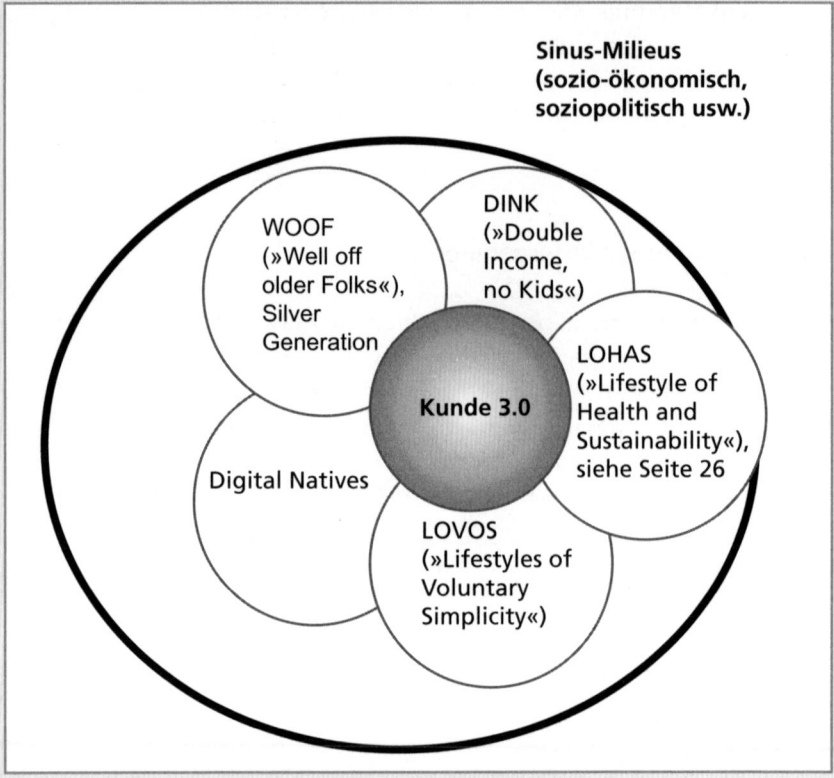

Diese Gesichtspunkte sind durch ständige Dynamik gekennzeichnet, sodass immer neue Zielgruppen oder auch *Interessengruppen* entstehen. Interessengruppen formieren sich über die beschriebenen Bereiche hinweg um ein bestimmtes Thema, ein Anliegen, eine soziologische, spirituelle, weltanschauliche, innovative Idee. Und genau über diese Idee sind die Mitglieder dann vertrieblich ansprechbar – was auch auf den Kunden 3.0 zutrifft.

Wie lässt sich die Kenntnis dieser Entwicklungen vertriebsintelligent umsetzen? Wie können Sie beispielsweise den demografischen Wandel für Ihren Vertriebserfolg nutzen? Schauen wir uns diesen Megatrend genauer an: In Europa werden die Menschen immer älter. Gleichzeitig geht die Geburtenrate zurück. Immer weniger Menschen werden also künftig immer mehr Menschen ernähren müssen. In den Entwicklungsländern schaut es ganz anders aus: Hier gibt es einen anhaltenden Geburtenboom. Die Menschen hungern und werden deshalb – so die Zukunftsszenarien – ihr Glück in besser entwickelten Gesellschaften suchen. Es kommt in der Folge zu anwachsenden Migrationsströmen. Damit prallen nicht nur Alt und Jung, sondern auch Kulturen mit ganz unterschiedlichen Entwicklungsstandards aufeinander. Demografische Verwerfungen sind damit nicht ausgeschlossen.

Was heißt das für uns im Vertrieb? Die Zielgruppe der Senioren wächst. So weit, so gut? Nein. Eher so weit, so nichtssagend. Denn wer sich jetzt auf die Produktion von Gebissreinigern, Treppenliften oder Rollatoren spezialisiert, hat nicht alles verstanden. Auch die Generation 50+ entwickelt sich weiter. Sie wird agiler, lebt länger und gesünder. Und sie möchte länger am (Arbeits-)Leben teilhaben. Diese Menschen fühlen, begreifen und definieren sich jünger, viel jünger als die Generation 50+ noch vor wenigen Jahrzehnten. Sie wollen ihren Alltag dank neuer Technologien angenehmer und reicher gestalten. Mit Produkten, die ganz auf ihre individuellen Anforderungen angepasst sind. Der Kunde 3.0 – ein Senior? Ja, manchmal ist er ein Senior. Denn das Lebensgefühl des Kunden 3.0 betrifft nicht nur die Jüngeren, verwechseln wir also nicht den Kunden 3.0 mit den jungen Digital Natives – auch die zunehmende Zahl der Älteren unter uns will umfassend von den neuen Möglichkeiten profitieren. Erfolgreich sind Unternehmen nur dann, wenn sie sich die Frage stellen, wie die neue Generation 60/90 morgen leben wird. Wie diese von den anderen Megatrends beeinflusst

Über den Status quo hinausdenken

wird. Wie sich die neu entstehende Generation ansprechen lässt. Die – anders als unsere Großeltern und Eltern – verstärkt im Internet einkauft, sich in Foren austauscht und den Ruhestand zum aktiven Un-Ruhestand nutzt.

Social Media für Senioren

Die Ideen sind da, die Produkte auch. Wie bringen Sie diese nun an den Mann oder die Frau? Per Mailing? Über Anzeigen? Wie erreicht man die Generation 60/90? Heute und morgen? Auch hier heißt es Abschied nehmen von Gewohnheiten. Oma blättert nicht mehr ausschließlich in irgendwelchen Heftchen, wo es mehr Anzeigen für dritte Zähne und Treppenlifte als redaktionelle Texte gibt. Und sie freut sich auch nicht mehr über »persönliche Briefe« von der netten Kundenbetreuerin des Versandhauses, die ihr zum Geburtstag einen 10-Euro-Gutschein schickt. Oder über Einladungen zu Kaffeefahrten. Heizdecken hat sie schon genug. Sie reagiert gelangweilt auf althergebrachte Verkaufsversuche. Die »Oma 3.0« erwartet eine andere Ansprache.

Senioren im Netz So auch meine Schwiegermutter Ute. Sie ist 74 und fast täglich »on«. Ihre Lieblings-URL heißt Google. »Ich weiß zwar viel, aber nicht mehr alles. Und wenn ich wissen will, wohin meine nächste Kulturreise gehen soll, dann finde ich über Google alle Blogs, in denen steht, was für mich wichtig ist«, erzählte sie mir letzte Woche. »Wenn mich was interessiert, gehe ich im Netz direkt hinterher und vertiefe mein Wissen an dieser Stelle«, sagt sie eben noch am Telefon. Sie hat vom Smartphone aus angerufen. Sie nutzt das Netz neben der FAZ auch, um sich über Politik und Wirtschaft zu informieren und die Diskussion etwa über WikiLeaks, Atomkraft oder Hannelore Kraft zu verfolgen. Sie ist als eifrige Vielleserin zur Rezensentin bei Amazon geworden. Und: Sie chattet! Mensch, Ute!

Und genau dort möchte Ute zusätzlich angesprochen werden. Im Internet. In sozialen Netzwerken. Allein bei Facebook waren nach Angaben der Tageszeitung »Die Welt« im Herbst 2010 deutschlandweit über 120 000 Nutzer älter als 50 Jahre. Ein Markt, der erobert werden kann – und sollte. Ohne dass die jüngere Generation abgeschreckt wird, denn die sieht dank zielgruppenspezifischer Werbung die Angebote für Ute und ihre Freundinnen nicht.

Senioren haben eigene soziale Netzwerke wie Feierabend. de. Diese Community hat – Stand Dezember 2010 – über 160 000 Mitglieder auf dem deutschen Markt. Von Internet-Scheu kann also bei den Silver-Surfern keine Rede mehr sein. Feierabend.de gehört übrigens zu den wenigen Netzwerken, die Gewinn machen. Und dies schon seit 2001. Weil es Unternehmen gibt, die die Chance erkannt haben, die Banner schalten, aber auch mit redaktionellen Inhalten punkten. Die User von Feierabend.de sind ein attraktives Publikum für Werbekunden: Sie sind gut gebildet und haben ein überdurchschnittlich hohes Einkommen.

Nutzer und Gestalter der Megatrends: Führungskräfte

Widmen wir uns einer anderen attraktiven Zielgruppe: den Führungskräften. Sie werden nicht nur von den Megatrends beeinflusst, sie haben sie bei ihren täglichen Entscheidungen im Fokus, gestalten sie mit. Ihre Welt hat in den letzten Jahren extrem an Komplexität zugenommen. Und sie müssen Schritt halten, wollen sie weiter vorn dabei sein. Sie bewältigen immer mehr Anforderungen in kürzerer Zeit, treffen Entscheidungen kurzfristiger, ohne alle Fakten prüfen zu können. Sie sind präsent und bleiben trotzdem ruhig. Kühler Kopf und heißes Herz!

Dies wirkt sich unter anderem auf den ganz banalen Arbeitsalltag aus: Entscheidungsträger und Manager kleben längst nicht mehr von 9 bis 19 Uhr an ihrem Schreibtisch. Im Gegenteil: Sie sitzen in Meetings und rufen dabei ihre Mails ab. Sie fliegen nach Hongkong und verschicken zwischendurch Nachrichten über ihr Smartphone. Sie kommunizieren per Mail, SMS und in Chats. Knüpfen ihr Netzwerk über XING, LinkedIn und Facebook. Setzen Tweets ab. Sie sind dem Geschäftspartner in Asien genauso nah wie dem Kollegen am anderen Ende des Flurs.

Sie sind also aktiver Bestandteil der Megatrends: digitales Leben, Business-Ökosysteme und Wandel der Arbeitswelt. Und sie gestalten diese Trends mit, treiben sie weiter voran. Tag für Tag.

Wenn Sie also bereit sind, über den Tellerrand hinauszusehen, sich mit den Megatrends und ihrer Bedeutung für die Kunden zu beschäftigen – dann haben Sie die Chance, neue, zielgruppengerechte Produkte zu entwickeln und an den Kunden 3.0 zu bringen und dank dieser Strategie langfristig erfolgreich zu sein.

Megatrends für Produkte und Vertrieb

Schauen wir einmal genauer hin: Megatrend Nummer 3 – boomende Gesundheit. Auch hier gibt es zunächst wenig Überraschendes: Mit der steigenden Lebenserwartung und dem Wunsch nach einem aktiveren Leben wächst auch das Gesundheitsbewusstsein. Dabei übernimmt der Kunde mehr Selbstverantwortung für seine eigene Situation. Er ist bereit, in seine Zukunft zu investieren. Und dies auf ganz unterschiedliche Weise. Er besucht Fitness-Studios mit modernsten Geräten, um gezielt zu trainieren. Oder er kauft spezielle

Fitnessprogramme für Spielkonsolen, um so – allein oder mit Freunden und Familie – zu Hause aktiv zu werden. Er setzt auf intelligente Turnschuhe mit Hightech-Anwendungen, wie sie von Puma und Adidas angeboten und weiterentwickelt werden, mit dem Ziel, individuelle Trainingsprogramme, abgestimmt auf die eigenen Fähigkeiten, zu absolvieren.

Der Kunde 3.0 kauft Functional Food – Nahrungsmittel, die **Beispiel Ernährung** mit Vitaminen und Mineralien angereichert wurden –, um das Gefühl zu bekommen, sich gesund zu ernähren. Er setzt auf Novel Food, zu dem bisher in Europa unbekannte exotische Früchte und Designerfood wie Elektrolyt-Getränke für Sportler zählen. Und das alles, um sich selbst, dem eigenen Körper etwas Gutes zu tun, um möglichst lange gesund und fit zu bleiben.

Allein diese Beispiele zeigen, welche neuen Konvergenzmärkte durch die Verzahnung dieser beiden Megatrends – demografischer Wandel und boomende Gesundheit – entstehen. Und es sind weitaus mehr: etwa Schönheitskliniken, speziell für die Generation 60/90, oder weiterentwickelte Implantate. Beispiel Grüner Star, die häufigste Ursache von Erblindung weltweit: Bisher war hier eine aufwendige Mehrstufentherapie notwendig, um den Betroffenen zu helfen. Nun werden kleine Gittergerüst-Implantate in Röhrchenform entwickelt. Diese stützen die Organwände und die künstlichen Linsen und ebnen so neuen Behandlungsmethoden den Weg.

Neben dem B2C- kann auch der B2B-Markt profitieren: auf dem Gebiet verbesserter medizinischer Geräte beispielsweise. Hier spielt unter anderem der Megatrend Nummer 10 – die Konvergenz von Technologien – eine Rolle. Denn für die Entwicklung neuer medizinischer Geräte werden Technologien aus anderen Bereichen hinzugezogen, beispielsweise aus der Nanotechnologie.

Beispiel Robotik Auch die Bionik bietet ungezählte Möglichkeiten: Forscher haben beispielsweise den Elefantenrüssel zum Vorbild für Roboterarme erkoren. Weshalb? Er ist flexibel, überträgt hohe Kräfte und greift trotzdem gefühlvoll und vor allem sehr präzise zu. Der Vorteil des neuen, flexiblen Roboterarms: Er spürt, ob er einen Menschen anrempelt oder zu fest zudrückt. Damit kann er sowohl in einer Fabrik eingesetzt werden als auch im Haushalt oder in der Altenpflege – also da, wo Arbeitskräfte fehlen (Wirtschaftswoche 1 / 2 / 2011).

HINTERGRUND: Anregungen aus der Tierwelt – hier wird Bionik umgesetzt

Neben dem Elefantenrüssel stellte die Wirtschaftswoche weitere, hoch spannende Beispiele aus der Bionik vor. Dabei handelt es sich um folgende neue Produkte:

Spinnen als Vorbild für Weltraummobile: Tabacha heißt die Radlerspinne, die dem Berliner Bionik-Professor Ingo Rechenberg Vorbild für das Saltomobil war. Ein erster Prototyp des Weltraummobils wurde bereits entwickelt.

Lotosblätter als Vorbild für selbstreinigende Oberflächen: Den Effekt der abperlenden Schmutzteilchen kennen wir bereits länger. Dabei setzt sich der Lotos-Effekt in immer mehr Branchen durch, beispielsweise bei Autos, Häuserfassaden, Geschirr, Keramikkacheln oder Glasscheiben.

Geckofüße als Anregung für Klebefolien: Selbst nasse Glasscheiben halten den Gecko auf dem Weg nach oben nicht auf. Dank seiner Lamellen-Reihen an den Fußsohlen, die mit Hunderttausenden winziger Haare und Borsten gespickt sind, diente das flinke Tier der Industrie als Vorbild. Entwickelt wurden ultrastarke Klebefolien, medizinische Klebebänder und Roboter, die senkrecht die Wände erklettern. Noch warten die Produkte auf die Markteinführung.

Sandfische inspirieren Solarindustrie: Solarspiegel werden gerne dort eingesetzt, wo es schön warm ist. In der Wüste zum Beispiel. Dummerweise lagert sich hier Sand auf den glatten Oberflächen ab. An anderen Standorten beeinträchtigt Staub die Effizienz. Nun haben Forscher entdeckt, dass die Hautschuppen der Sandfische mikrofeine Querrillen haben. Taucht der Sandfisch durch den Wüstensand, wirken diese Rillen wie Abstreifbürsten. Das Ergebnis: Die Haut ist glatter als polierter Stahl. Umgesetzt wurde die Anregung von der Industrie in Form einer Rillenfolie, die noch getestet wird.

Käfer als Vorbild für Feuermelder: Zu den Tieren, die besonders sensibel auf Hitze reagieren, gehört der Schwarze Kiefernprachtkäfer. Er kann Feuer in 80 Kilometern Entfernung wahrnehmen und sucht Brandstellen aktiv auf – um seine Eier in frischem Brandholz abzulegen. Das Feuer »entdeckt« er über Sensoren, mit denen er die Wärmestrahlung misst. Damit ist er das ideale Vorbild für Feuermelder, die schneller warnen als herkömmliche Modelle. Diese reagieren nämlich erst auf den Rauch.

Ratten als Anregung für Kletterroboter: Die schlauen Vierbeiner haben die Welt erobert – und dies vor allem dank ihrer Kletterkünste. Weder rutschige Wände in Abflussrohren noch sonst irgendeine akrobatische Herausforderung halten sie auf. Genutzt wird dieses Talent jetzt für Kletterroboter, die die Bewegungsmuster der Ratten imitieren. Eingesetzt werden können sie bei der Kontrolle und der Instandhaltung von Kabelschächten und Kanälen.

(Alle Beispiele stammen aus der Wirtschaftswoche 1/2 2011.)

Sie sehen: Es gibt zahlreiche Ansätze, wie Megatrends gewinnbringend für neue Produkte und Dienstleistungen genutzt werden können. Auch von Ihnen! Wenn Sie all das zusammennehmen – steigendes Alter, wachsende Zielgruppe der Senioren, boomender Gesundheitsmarkt und die zunehmende Konvergenz von Technologien –, haben Sie ungeahnte Möglichkeiten, um sich durch die Weiterentwicklung Ihrer Produkte erfolgreich und vielleicht auch neu zu positionieren.

Beispiel Mobilität Weitere Ansatzpunkte ergeben das starke Wachstum der Megacitys sowie die neuen Wohn-, Lebens- und Partizipationsformen – Megatrend 18. Hier sind neue Angebote und Produkte gefragt, die das aktuelle Lebensgefühl widerspiegeln. Die die Menschen in ihrer neuen Aktivität unterstützen. Beispielsweise durch verbesserten Nahverkehr. BMW entwickelt ein »Megacity Vehicle« mit einem emissionsfreien Elektroantrieb, das 2013 auf den Markt kommen soll, weil sich die herkömmlichen Verbrennungsmotoren mit dem Wachstum der Städte kaum noch verkaufen lassen werden (Handelsblatt, Silvester 2010).

Beispiel Finanzen Gebraucht werden aber auch neue Produkte im Finanzbereich. Die Menschen werden älter und wollen gesund, attraktiv und fit bleiben. Das kostet Geld. Dabei werden schon lange nicht mehr alle Behandlungen von den Krankenkassen übernommen. Damit öffnet sich ein Markt für Zusatzversicherungen. Es entsteht aber auch ein höherer Finanzbedarf im Alter. Und der kann nicht ausschließlich über die längere Arbeitszeit abgedeckt werden. Die Lebensarbeitszeit ist zuletzt 2006 am Rande und im Schatten des Fußball-Sommermärchens vom damaligen Arbeitsminister Müntefering um zwei auf 67 Jahre verlängert worden. Reichen wird das nicht. Das ist schon heute klar. 69 geistert als neue Altersgrenze durch die Gazetten. Und eine WM kommt als geeignetes Ablenkungsmanöver für das Volk in den nächsten Jahrzehnten nicht mehr nach Deutschland. Daher braucht es neue Anlageformen, die flexibel und nachhaltig sind. Die den Werten und Zielen der Menschen ebenso entsprechen wie dem Wunsch nach einem sorgenfreien Leben im Alter.

PRAXISTIPPS: Megatrend demografischer Wandel als Chance

1. Welche Ihrer Produkte unterstützen Menschen dabei, sich länger fit und gesund zu halten oder mobil zu bleiben?

2. Wie können diese Produkte auf die Zukunftsanforderungen hin angepasst werden?

3. Welche weiteren Megatrends können Sie dabei unterstützen? Denken Sie an IT, Neuentwicklungen aus anderen Branchen usw.

4. Wie können Ihre Kunden Sie bei der Weiterentwicklung unterstützen? Wo können Sie das Wissen, die Wünsche und die Ideen Ihrer Kunden abholen, um Ihre Produkte zukunftsspannender, individueller, begeisternder zu machen? Welche Kunden können Sie ansprechen oder über Social-Media-Plattformen erreichen, um »geliebte iProducts« zu entwickeln?

5. Wo bietet sich die Zusammenarbeit mit Wettbewerbern an? Beispielsweise, um eine neue Technologie, ein innovatives Produkt zu entwickeln? Wo können Sie Forschungsprojekte gemeinsam durchführen?

Arbeitswelten wandeln sich

Immer weniger Angestellte müssen immer komplexere Aufgaben bewältigen. Dies führt dazu, dass ältere Menschen neue Chancen bekommen. Dass Mitarbeiter mehr Verantwortung übernehmen müssen, sich nicht mehr hinter Kollegen oder Vorgesetzten verstecken können. Von ihnen wird unternehmerisches Denken und Handeln gefordert. Projektteams finden sich zusammen, um spezielle Aufgaben zu lösen. Und gehen anschließend auseinander, um sich zu neuen Gruppen zusammenfinden, gemischt aus Mitarbeitern unterschiedlichster Unternehmensbereiche. Je nachdem, welches Know-how für die gerade anstehende Aufgabe benötigt wird.

Dies hat konkrete Auswirkungen auf den Bedarf von Unternehmen. Die Nachfrage nach mobilen Computern wird steigen. Mitarbeiter müssen verstärkt vernetzt miteinander arbeiten – und gegebenenfalls externe Dienstleister oder Experten hinzuziehen, und dies möglichst unkompliziert und ohne lange, umständliche Anbindung an die Unternehmens-IT. Hier sind neue Softwarelösungen mit entsprechenden Sicherheitsvorkehrungen gefragt. Denn natürlich soll nicht jeder Projektbeteiligte oder -fremde alles lesen, editieren oder gar löschen dürfen.

Herausforderung Vernetzung Um dem neuen Lebensgefühl und der neuen Arbeitswelt zu entsprechen, muss das Büro »in die Handtasche passen«. Portabel sein. Räume müssen sich individuell an die Teamgröße anpassen lassen. Mitarbeiter müssen stets und überall von außen unter ihrer Durchwahl erreichbar sein, egal, wo im Unternehmen – oder auch im Home-Office oder unterwegs! – sie sich bewegen. Und bei all der Flexibilität ist der Überblick zu wahren. Wer sitzt heute in welchem Büro? Wer ist Bestandteil welches Teams? Wer ist auf Geschäftsreise, wer im Heimbüro? Wer ist heute erreichbar? Und wie? Auch hier sind intelligente Produkte gefragt, die diese organisatorischen Herausforderungen erfüllen.

Neue Anforderungen – neue Chancen

Diese neuen Anforderungen bieten unzählige Chancen für neue Produkte, neue Dienstleistungen. Achten Sie auf wichtige Entwicklungen in den Branchen Ihrer Kunden. Haben Sie eine passende Lösung für neue Herausforderungen? Entwickeln Sie gerade vorausschauend ein Produkt, das Ihr Kunde in den nächsten ein, zwei Jahren braucht? Informieren Sie ihn frühzeitig! Dann kann er dieses Wissen bereits heute für seine Entscheidungen nutzen.

Zum anderen ist auch hier eine veränderte Kommunikation gefragt. Sprechen Sie Ihre Kunden dort an, wo sie sich aufhalten. In Netzwerken, bei Branchentreffs und in ihrem Büro. Offline und online. Nutzen Sie die bevorzugten Kommunikationskanäle Ihres Kunden. Werben Sie auf Branchenplattformen. Seien Sie aktiver Bestandteil seiner Netzwerke. Zeigen Sie ihm, wie Ihre Produkte, Ihr Service seine Arbeit erleichtern, seine Umsätze steigern, ihn erfolgreicher machen und bei seinen täglichen Aufgaben unterstützen. Das ist alles richtig und gut so … aber nicht neu.

Smarte Produkte und Dienstleistungen sind gefragt

Megatrends beeinflussen alle Wirtschafts- und Gesellschaftsbereiche. Produkte in Auflagenhöhe 1 – sei es der Wunsch-Pkw mit der individuellen Konfiguration, die maßgeschneiderte Unternehmenssoftware oder der mit Namenszug versehene selbst gestylte Laufschuh – erfordern ein Umdenken in allen Wertschöpfungsketten. Jede, wirklich jede Branche steht vor der Aufgabe, sich mit den konkreten Auswirkungen aktueller Entwicklungen für das eigene Geschäft, den eigenen Vertrieb auseinanderzusetzen. Unterschiede gibt es hier höchstens in der Gewichtung der Trends und ihrem Zusammenspiel. Nicht aber in der Frage, ob Megatrends für die eigene Geschäftstätigkeit relevant sind.

Vor welchen Herausforderungen Unternehmen dabei stehen **Beispiel Logistik** können, zeigt ein Blick auf die Logistik. Obwohl sie unsere tägliche Versorgung sicherstellt, gehört sie zu den ungeliebten Wirtschaftssegmenten der Deutschen. Als Querschnittsindustrie bekommt sie den Einfluss der Megatrends nun besonders deutlich zu spüren. Schauen wir uns die Herausforderungen einmal an: Durch die zunehmende Globalisierung werden Produkte in den unterschiedlichsten Ländern gefertigt und gebaut: Die Module für einen Pkw, einen CD-Player oder einen Roboter kommen aus verschiedenen Staaten. Sie alle müssen zu einem bestimmten Zeitpunkt an einem bestimmten Ort zur Verfügung stehen. Dort werden sie dann zu einem Produkt zusammengefügt. Oder zu einem Teilprodukt, das dann wiederum weitertransportiert werden muss.

Je nach Anforderung erfolgt der Transport auf der Straße, der Schiene, in der Luft oder per Schiff. Hier spielen vor allem drei der oben genannten Megatrends eine Rolle: erstens die steigende Mobilität, die zu großem Verkehrsaufkommen auf den Straßen in und außerhalb der Städte führt, zweitens Klimawandel und Umweltbelastung, die unter anderem Umweltzonen in den Städten und Fahrverbote wegen Feinstaubbelastungen zur Folge haben, und drittens wachsende globale Sicherheitsbedrohungen, die wir alle allein 2010 durch monumentale Virenangriffe wie Stuxnet, das Ausufern bewaffneter Konflikte oder verschiedene Paketbombenattentate in Europa trotz erhöhter Sicherheitsvorkehrungen vor Augen geführt bekommen haben.

Logistikunternehmen bereiten sich seit Jahren auf diese Herausforderungen vor. Sie testen neue Zustellkonzepte für die Innenstädte, um den Verkehr dort zu entlasten. Sie entwickeln gemeinsam mit Fahrzeugherstellern umweltfreundlichere Sprinter, die mit Gas betrieben werden – und auch bei zu hohen Feinstaubwerten in den Städten fahren dürfen (www.tnt.de, www.dhl.de). Damit arbeiten sie aktiv daran mit, dass sie auch künftig geschäftsfähig sind. Denn nichts ist für einen Logistikdienstleister ärgerlicher, als Ware nicht zustellen zu können.

Aufgrund dieser Trends ändern die Logistiker ihren Vertrieb. So wird bei komplexen Projekten die persönliche Beratung wieder wichtiger. Dabei verschieben sich die Beratungs-schwerpunkte weg vom Preis-Leistungs-Verhältnis hin zu Aspekten wie der Einhaltung von Sicherheitsanforderungen, Datenschutz sowie einem möglichst umweltfreundlichen Transport. Privatkunden werden »grüne Produkte« beim Paketversand angeboten, mit denen ihre bestellte Ware oder auch das Weihnachtspäckchen an den Enkel umweltfreundlich den Zielort erreichen.

Neue Chancen für Versicherungen

Die Entwicklung stellt auch neue Anforderungen an das Risikomanagement der Unternehmen. Neue Absicherungen sind gefragt, beispielsweise gegen Umweltschäden auf dem eigenen Gelände oder beim Transport, für die Logistikunternehmen haften. Oder für den Fall, dass eine Lieferung nicht rechtzeitig erfolgen konnte, weil aufgrund akuter Sicherheitsbedenken mit bestimmten Staaten keine Luftfracht ausgetauscht werden darf. Hier kommen Versicherungsunternehmen ins Spiel, die dafür geeignete Produkte entwickeln. Etwa eine Umwelthaftpflichtversicherung oder eine Versicherung, die die Risiken einer Betriebsunterbrechung abdeckt (www.schunck.de).

Die Crux dabei: Die Prozesse werden immer komplexer. Wer sich hier erfolgreich positionieren möchte, braucht Vertriebsmitarbeiter, die die Anforderungen der Branche, der Kundenunternehmen kennen. Die in der Lage sind, bestehende Verträge zu analysieren und Versicherungslücken aufzudecken. Auch die Lücken, die vielleicht gerade erst durch eine neue Verordnung entstanden sind.

Auch im Privatkundengeschäft öffnen die Megatrends neue Chancen für Anbieter von Versicherungen und Finanzanlagen. Elementarversicherungen, um die finanziellen Risiken durch Sturm- und Wasserschäden am Eigenheim – etwa durch Hochwasser – abzudecken, werden beispielsweise immer wichtiger.

Ein weiterer Aspekt ist die persönliche Vorsorge. Menschen werden immer älter. Es gibt immer weniger Junge, immer weniger Angestellte, immer weniger, die Beiträge in die Rentenkasse zahlen. Aber immer mehr, die daraus versorgt werden wollen. Diese Rechnung geht nicht auf. Sie kann nicht aufgehen, wenn Eltern die Pensionierung der eigenen Kinder erleben. Die gerade entstehende Generation 60 / 90 braucht Produkte, die die Versorgungslücke schließen. Wie beispielsweise die Riester-Rente, die die staatliche Rente ergänzt. Sie braucht flexible Lebensversicherungen, die – je nach Lebenslage – als Einmalzahlung oder als monatliche Rente ausgezahlt werden. Deren Beiträge im Laufe der Beitragszahlung flexibel an die gerade herrschenden Lebensumstände angepasst werden können. Und sie wollen Berater, die sie verstehen. Der junge, immer gut gelaunte Sieger-Typ hat nur dann eine Chance bei ihnen, wenn er auch kompetent ist. Ältere Berater mit Lebenserfahrung, die in ein paar Jahren vor denselben Herausforderungen stehen, sind willkommen.

Herausforderung prekärer Arbeitsverhältnisse Neue Produkte brauchen auch diejenigen, die nicht in die gesetzliche Rentenversicherung einzahlen. Oder so wenig einzahlen, dass es später nicht zum Leben reicht, weil sich das Arbeitsleben flexibler gestaltet als noch in den Generationen vor uns. Das gilt zum Beispiel für Franz J., der lange Zeit Architektur studiert und seinen Professor als studentische Hilfskraft unterstützt hat. Erst spät – mit Mitte dreißig – hat er einen Job in einem Architekturbüro bekommen: als Computer-Administrator, der zwischendurch den Kollegen helfen sollte. Mit immer neuen befristeten Verträgen. Bis es bergab ging – und er drei Jahre später wieder auf der Straße stand. Franz J. versuchte dann, sich selbstständig zu machen. Erfolglos, Insolvenz. So nahm er erst mit Mitte vierzig wieder am Arbeitsleben teil – jetzt in einem schlechter qualifizierten Job.

Oder Ulla M. Früher hat sie erfolgreich Kosmetikerinnen gecoacht und ihnen die Vorteile einer bestimmten Produktserie nahegebracht. Als ihr das nicht mehr reichte, fing sie an zu studieren und brauchte ihre finanziellen Reserven auf. Sie hatte einen kleinen Job nebenher, um sich über Wasser zu halten. So zog das Studium sich hin. Und danach wartete kein Unternehmen gerade auf sie. Es folgten Jobs in Callcentern, in Vertriebsabteilungen verschiedener Unternehmen. Arbeitslosigkeit. Schwangerschaft – mit Ende dreißig. Mit 43 ein neuer Job, zunächst befristet. Die Altersvorsorge blieb auf der Strecke. Natürlich will sie noch arbeiten. Fünfzehn Jahre mindestens, möglichst noch 20. Und diese Zeit will sie nutzen, um Versäumtes nachzuholen. Um in eine Vorsorge zu investieren, die ihr die Angst vor der Zukunft nimmt.

Beide haben ihren Lebensweg sehr individuell gestaltet, haben den Trend zur flexibleren Arbeitswelt für sich genutzt. Sie entsprechen keinem Schema. Standardangebote zur Vorsorge passen hier nicht, gefragt sind individuelle, modifizierbare Produkte. Und Vertriebsmitarbeiter, die bereit sind, sich auf diese speziellen Herausforderungen einzulassen, die Betroffenen entsprechend zu beraten und vor allem die Produkte anzubieten, die den Anforderungen und Möglichkeiten von Franz J. und Ulla M. entsprechen.

Der neue Rol: Wer Trends ignoriert, verliert!

Meine Erfahrung als Speaker und Toplevel-Coach in der Vertriebsführung zeigt: Das Thema Megatrends wird im operativen Klein-klein von vielen noch unterschätzt und strategisch zu wenig bedacht. Wir leben in einer spannenden, sich ändernden, immer schneller handelnden Welt. Wir bekommen jeden Tag neue Chancen. Und ergreifen sie oft nicht, weil wir viele Dinge als selbstverständlich nehmen, weil wir sie nicht hinterfragen oder mit anderen Möglichkeiten in Verbindung bringen. Zu oft und zu lange haben wir uns einen Tunnelblick angewöhnt, der nur ein Vorwärts kennt. Und das heißt oft: mehr vom Gleichen, mehr von dem, was in der Vergangenheit funktioniert hat. Es heißt noch zu selten: wirklich Quer-Denken, Erkenntnisse, Entwicklungen, Forschungen aus anderen Branchen auf die eigene beziehen, Erfolgsrezepte aus ganz anderen Bereichen analysieren und auf die eigene Situation anwenden.

Wer zu spät kommt, ... Das Abwarten der Unternehmen hat dramatische Folgen. Denn der Kunde 3.0 wartet nicht ab, bis Sie den Anschluss wieder gefunden haben. Er wendet sich ab. Zum nächsten Anbieter. Zu dem Dienstleister, der mit ihm über die von ihm bevorzugten Kanäle kommuniziert. Der schnell und flexibel reagiert. Der seine Produkte den neuen Kundenanforderungen anpasst. Der bereit ist, in die Weiterentwicklung seines Portfolios zu investieren. Und der zuhört. Dem Kunden und dem Markt. Der bereit ist, zu lernen und das Gelernte umzusetzen. Der eben nicht stur darauf beharrt, dass 1 + 1 schon immer 2 war. Der – im übertragenen Sinn – etwas dafür tut, dass 1 + 1 jetzt 3 wird: nämlich eine bessere und größere Lösung, die mehr Sinn und mehr Gewinn bringt.

Schauen Sie über den Tellerrand Die Welt ändert sich. Schneller als zuvor. Neue Techniken und Technologien treiben den Fortschritt voran. Sie beschleunigen die Megatrends, machen viele Dinge überhaupt erst möglich, öffnen damit neue Chancen und beeinflussen das Kundenverhalten. Für Unternehmen und Vertriebsmitarbeiter heißt es deshalb: Aufgepasst! Wach bleiben! Der Kunde 3.0 ist die neue Prinzessin. Er steht im Mittelpunkt. Schauen Sie nach links und rechts. Was macht Ihr Wettbewerb? Welche Innovationen bringen andere Branchen hervor? Wie können Sie davon profitieren?

PRAXISTIPPS: So behalten Sie die Megatrends im Blick!

Wahrscheinlich ist es nicht Ihr Job, Zukunftsforscher oder Trendscout zu sein. Womöglich steht es nicht in Ihrer Stellenbeschreibung – und mit großer Wahrscheinlichkeit haben Sie auch so mehr als genug zu tun. Aber trotzdem können Sie die Megatrends im Blick behalten und neue Erkenntnisse in Forschung und Entwicklung schnell erfahren. Hier ein paar bewährte Tipps aus der Praxis:

- Bewahren Sie sich den Blick über den Tellerrand: Lesen Sie branchenfremde Zeitschriften, besuchen Sie Kongresse und Messen.

- Fördern Sie den abteilungsübergreifenden Austausch im eigenen Unternehmen. Sprechen Sie mit Kollegen aus unterschiedlichen Unternehmensbereichen und mit verschiedenen Bildungshintergründen. Welche Themen beschäftigen die Abteilungen? Welche Auswirkungen kann das auf den Vertrieb haben? Machen Sie diesen Austausch zu einem regelmäßigen Treffen – beispielsweise in Form eines Zukunftstages.

- Querdenker gesucht! Lesen Sie doch einmal einen Science- Fiction-Roman. Wenn Sie genau hinsehen, werden Sie merken, dass viele Hightech-Geräte aus älteren Science- Fiction-Büchern heute zu unserem Alltag gehören.

- Nutzen Sie Google Trends um herauszufinden, wonach Ihre Zielgruppe sucht. So erfahren Sie mit ein paar Mausklicks, welche Produkte zurzeit gefragt sind und wie sich die Suchanfragen zu den Produkten entwickeln.

- Richten Sie sich Google-Alerts ein, um Ihren Wettbewerb zu beobachten – oder die Entwicklungen in einer Branche.
- Durchforsten Sie das Web 2.0. Nutzen Sie spezielle Suchmaschinen, um soziale Netzwerke nach Schlagwörtern zu durchsuchen. Lassen Sie sich von XING benachrichtigen, wenn neue Beiträge in den für Sie interessanten Foren geschrieben wurden.
- Hinterfragen Sie neue Produkte, Forschungsergebnisse usw. nach dem Nutzen für Ihre Kunden. Für die Weiterentwicklung Ihrer Produkte. Suchen Sie Kontakt mit Forschungseinrichtungen – vielleicht gibt es Teilergebnisse, die Sie für Ihre Arbeit verwenden können.

Wenn Sie diese Tipps befolgen, können Sie zu den Gewinnern zählen, können den Logenplatz im Kopf Ihres Kunden einnehmen. Wenn Sie bereit sind, sich weiterzuentwickeln, vertriebsintelligent zu handeln. Zu agieren statt zu reagieren, Gestalter statt Opfer zu sein. Genau hinzuschauen und die Chancen zu nutzen. Kurz: Wenn Sie die Megatrends für den Vertrieb bereits heute verfolgen – und nicht abwarten, ob der Wettbewerb damit Erfolg hat.

Megatrends und ihre Auswirkungen auf den Vertrieb

Wie wirken sich die Megatrends auf den Vertrieb aus? Wie können Sie und Ihr Unternehmen von diesen Entwicklungen profitieren? Schauen wir uns einmal einen Teil der Megatrends genauer an:

PRAXISTIPPS: Megatrends und daraus abgeleitete Ideen für den Vertrieb

1. Demografischer Wandel

Neue Vertriebswege bieten sich für die Generation 60/90, die künftig verstärkt im Internet, über Social Media und Smartphones erreicht werden kann.

2. Neue Stufe der Individualisierung

Der Kunde 3.0 liebt individualisierte Produkte und will in die Produktentwicklung einbezogen werden. Der Vertrieb kann dies nutzen – indem er Kunden in Foren und auf entsprechenden Plattformen anspricht. Aber auch durch die Schaffung von Online-Shops, in denen Kunden Produkte gestalten können, durch individuelle Beratung, bei der den Kunden verschiedene Module vorgestellt werden, aus denen sie wählen und die sie zu einer Gesamtlösung zusammenfügen können.

3. Boomende Gesundheit

Wellnessprodukte, Vitaminpräparate und vieles mehr gehören nicht mehr länger ausschließlich in die Regale der Drogeriemärkte. Warum nicht exklusive Produkte für Fitness-Studios oder Wellness-Hotels entwickeln und nur dort vertreiben? Oder Kauf-Partys im Kreis der Freunde anbieten, bei denen die Produktvorteile vorgestellt und die richtige Anwendung vorgeführt wird?

4. Feminisierung der Gesellschaft

Humine Brands für Frauen und Männer – damit werden Parfümerien zu einem attraktiven Einkaufsort für Männer. Und dies nicht nur zum Geburtstag der Freundin oder vor Weihnachten. Auch hier kann mit etwas Fantasie schnell mehr Bedarf geschaffen werden: Weshalb nicht Kosmetikseminare oder Stilberatungen für Männer anbieten? Oder eine eigene Website mit Pflegetipps für Männer und einem angeschlossenen Online-Shop erstellen? Oder gar ein Wellness-Hotel nur für Männer eröffnen mit einer exklusiven Pflegeserie, die später online nachbestellt werden kann?

5. Kulturelle Vielfalt

Ethnisches Marketing wird heute bereits gern eingesetzt. Künftig gehen die Unternehmen noch weiter: Sie bieten Produkte an, die den Werten und Einstellungen ihrer Kunden entsprechen. So nimmt der Umsatz mit Halal-zertifizierten Produkten – also Waren, die Muslimen religionsrechtlich erlaubt sind – auch in Deutschland zu. Haribo beispielsweise vermarktet spezielle Halal-Produkte bundesweit in türkischen Fachgeschäften und hat sich damit einen neuen, lukrativen Vertriebskanal eröffnet.

6. Neue Mobilitätsmuster

Von diesem Megatrend wird unter anderem die Nutzfahrzeugindustrie profitieren. In enger Abstimmung mit der verladenden Industrie muss sie neue Fahrzeugkonzepte entwickeln, mit denen sich die Versorgung der Menschen sicherstellen lässt. Der Privatkunde braucht neue Fahrzeuge, mit denen er sich schnell und wendig durch die Megacitys bewegen kann – bei möglichst geringem Emissionsaufkommen.

7. Ubiquitäre Intelligenz

Intelligente, miteinander vernetzte Alltagsgegenstände: Bei diesem Stichwort fällt einem natürlich sofort der mitdenkende, selbst bestellende Kühlschrank ein. Oder der Einkaufswagen im Future-Store, der passende Beilagen zum Fleisch vorschlägt oder gleich das geeignete Rezept anzeigt – inklusive Wegbeschreibung zu den entsprechenden Produkten in den Supermarktregalen. Oder die Hausapotheke, die Alarm schlägt bei abgelaufenen Medikamenten. Ubiquitäre Intelligenz kann – geschickt eingesetzt – zu einem neuen Vertriebskanal werden, indem der Kunde auf passende Produkte oder auch schlicht auf bestehenden Bedarf hingewiesen wird.

Was bedeuten die Megatrends für Sie als Vertriebsmitarbeiter genau? Wie können Sie von diesen Entwicklungen profitieren? Mein Rat: Begegnen Sie dem Wandel mit Anpassungsfähigkeit. Seien Sie aktiv dabei und machen Sie selbst mit! Denn – hier halte ich es mit dem amerikanischen Managementexperten Tom Peters – das ewig bestehende Unternehmen ist ein Mythos. Erfolgreich sind nur diejenigen, die sich immer wieder neu erfinden. Und diese Phase der Neu-Erfindung, der Anpassung an die sich immer rastloser drehende Welt, muss schneller wechseln als je zuvor. Sonst werden Sie und Ihr Unternehmen abgehängt.

Megatrends zeigen bereits heute, wie sich Gesellschaft und Wirtschaft weiterentwickeln. Unternehmen, die ihre Produkte auch morgen noch erfolgreich vertreiben möchten, sollten deshalb wichtige Entwicklungen beherzigen.

Und das heißt für Sie im Vertrieb konkret:

1. Behalten Sie die Megatrends im Blick – Tipps dazu haben Sie in diesem Kapitel gelesen.

2. Informieren Sie sich regelmäßig über neue Entwicklungen in Branchen, von denen Sie profitieren können. Überlegen Sie sich immer: Wie kann diese Entdeckung, dieses neue Material, diese Studie zur Verbesserung meines Angebots beitragen?

3. Gehen Sie kalkulierte Risiken ein. Entwickeln Sie Ihr Produkt- und Serviceangebot weiter, orientieren Sie sich dabei an den Trends. Denken Sie nicht an morgen, sondern an übermorgen! Sonst ist Ihr Produkt bereits veraltet, wenn es auf den Markt kommt.

4. Binden Sie Ihre Kunden in die Produktentwicklung mit ein. Selbst wenn diese noch nie etwas von den Megatrends gehört haben sollten, gestalten sie die Trends (unbewusst) aktiv mit! Mitmachen ist angesagt!

5. Überdenken Sie regelmäßig Ihre Verkaufsargumentation und die Präsentationsunterlagen. Welche Nutzenformulierungen passen zu den besten Fragen im Kundendialog? Passen sie zum veränderten Verhal-

ten, dem veränderten Lebensgefühl? Sollten andere Produkteigenschaften in den Vordergrund gerückt werden, weil sie einem Megatrend entsprechen und somit kaufwichtiger werden?

Spannende Entwicklungen im Vertrieb und die Auswirkungen der sozio-ökonomischen Megatrends stehen immer wieder im Zentrum des renommierten Coachingbriefs »Magazin für Business und Bildung«, den Sie als Leser dieses Buches exklusiv kostenfrei abonnieren können unter:

⇨ http://www.buhr-team.com/de/coachingbrief

6. KAPITEL

VERTRIEB GEHT HEUTE ANDERS ...

... weil nur Überzeugungstäter andere überzeugen: Kunden werden Botschafter und machen Unternehmen zu Umsatzmaschinen – wenn es sich für sie lohnt

> In diesem Kapitel lesen Sie, wie aus Mitarbeitern und Kunden Fans werden. Wie – und warum – diese Fans Ihr Unternehmen und Ihre Produkte weiterempfehlen. Und weshalb dazu vor allem eines gebraucht wird: Vertriebsintelligenz auf allen Ebenen und im gesamten Unternehmen.

Tom Sawyer weiß, wie es geht

»Ich denke, es gibt unter tausend oder vielleicht unter zweitausend höchstens einen Jungen, der das richtig kann« – mit dieser Äußerung erreicht Tom Sawyer, die Romanfigur von Mark Twain, etwas ganz Außerordentliches: Er bringt seinen Freund Ben dazu, (s)eine ungeliebte Aufgabe zu übernehmen. Denn Ben, der eigentlich schwimmen gehen wollte, will nun etwas ganz anderes: Er will den Zaun von Tante Polly streichen. In der Sommerhitze. Und er steckt andere mit diesem Wunsch an: Immer mehr Jungen wollen ihr Können unter Beweis stellen. Sie streichen für Tom den Zaun und verzichten darauf, bei dem schönen Wetter schwimmen zu gehen. Ja, sie bezahlen Tom stattdessen sogar noch mit

Naturalien, um in der Hitze zu arbeiten. Und Tom? Der genießt seine neu gewonnene Freizeit im Schatten.

Was hat Tom gemacht? Er hat seine Freunde davon überzeugt, dass es ihm Spaß macht, den Zaun zu streichen. Dass es keine Arbeit für ihn ist, sondern eine Chance. Die Chance zu zeigen, was er kann. Und wie gut er es kann. Er hat sie mit seiner Überzeugung, seiner Motivation und Begeisterung angesteckt.

Aus Sicht des Vertriebs war dieser Coup schlicht genial. Auch wenn Tom Sawyer seine Begeisterung in diesem Fall nur vorgespielt hat. Die Idee dahinter findet ihre Fortsetzung – wenn auch mit anderen Mitteln – in der Gegenwart. Heute ist es der Kunde 3.0, der andere ansteckt, begeistert, motiviert. Der ein (potenzieller) Fan Ihrer Produkte, Ihrer Dienstleistungen, Ihres Unternehmens, ein Botschafter Ihrer Marke ist. Ein Interessent, der ein Agent werden kann: jemand, der auf dem Markt für Sie agiert. Vorausgesetzt, er wird selbst angesteckt, begeistert, motiviert. Von Ihnen als Vertriebsmitarbeiter, von Ihrem Unternehmen und Ihrem Produkt.

Wenn Ihnen das gelingt, können Sie die gleiche Erfahrung machen wie Tom Sawyer. Oder wie das Versandhandelsunternehmen Otto mit der Aktion Tausch-Rausch zu Weihnachten 2009 (siehe Kapitel 3.6). Wie DHL mit der Facebook-Seite für die Sparte Paket. Wie dm mit dem Duschgel. Oder wie Nutella: Über 117 900 Fans (Stand Februar 2011) stellen hier ihre pesönlichen Nutella-Fotos ein. Sie geben Tipps, wo der Brotaufstrich gerade günstig zu erhalten ist. Oder Red Bull: Die Kult-Marke hat bereits über 15 010 850 Fans weltweit (Stand Februar 2011), die sich auf der Fanseite über das Red-Bull-Imperium informieren. Die Fans finden Hintergrundinformationen über das Race-Team und aktuelle Events. Besonders pfiffig: Einige der Videos auf der Site können nur von Fans der Red-Bull-Seite abgespielt werden. Dies reicht aus,

Diese Unternehmen haben schon Fans

damit deutlich mehr User den »Gefällt mir«-Button drücken.

Sie können Ihre Kunden auch dabei unterstützen, andere mit ihrer Begeisterung anzustecken. Amazon lässt beispielsweise sein elektronisches Bücherlesegerät Kindle über soziale Netzwerke kommunizieren. Leseempfehlungen, Hinweise auf interessante Textpassagen und auch zitierfähige Fundstellen für wissenschaftliche Arbeiten lassen sich so innerhalb der Netzwerke schneller miteinander teilen.

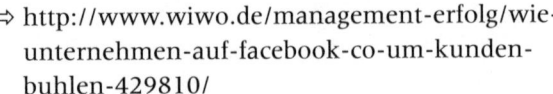

⇨ http://www.wiwo.de/management-erfolg/wie-
   unternehmen-auf-facebook-co-um-kunden-
   buhlen-429810/

Kunden und Mitarbeiter zu Fans machen

Diesen Marken ist eines gemeinsam: Sie werden von den eigenen Kunden weiterempfohlen. Das können auch Sie erreichen – im B2C-Bereich ebenso wie im B2B-Segment, unabhängig von der Branche und der Produktkategorie. Schon Augustinus wusste, »dass du nur in anderen entzünden kannst, was in dir selbst brennt«: Wenn Sie also beseelt handeln, wenn Sie von innen heraus begeistern, wenn Ihre Vertriebsmannschaft »brennt«, dann stecken Sie andere an. Vorausgesetzt, die Begeisterung ist echt. Sie müssen Ihre Begeisterung leben – und dies in allen Phasen der Kundenbegleitung.

Was begeistert Menschen so sehr, dass sie ein Unternehmen weiterempfehlen?

PRAXISTIPPS: Unternehmen machen Kunden zu Fans, indem sie ...

... die Kundenbelange vor die Unternehmensinteressen stellen.

Beispielsweise, indem sie dem Kunden nur das verkaufen, was für ihn gut und wichtig ist. Dazu gehört auch, von einem Vertragsabschluss oder einem Kauf abzuraten, wenn die Kosten höher sind als der Nutzen oder wenn der Zeitpunkt ungeeignet ist.

... den Kunden überraschen.

Beispielsweise, indem die Autowerkstatt beim Reifenwechsel oder der Inspektion eine Autowäsche spendiert oder der Friseur während der Wartezeit einen Kaffee anbietet, Ihr Lieblingshotel wieder »Ihr Zimmer« reserviert und gleich den geliebten Espresso bringt. Aber auch im B2B-Segment können Sie Ihre Kunden mit einem kleinen Extra überraschen. Bringen Sie etwa zum Meeting am Nachmittag Kuchen mit. Oder ein paar Blumen für die Assistentin Ihres Gesprächspartners – als freundliche Aufmerksamkeit. (Wir schicken immer ein kleines Büchlein als Dankeschön heraus.) Sie werden überrascht sein, wie lange Sie sich damit das Wohlwollen der anderen sichern.

... Serviceleistungen ungefragt optimieren.

Wie beispielsweise die Telekom, die für die schlechte Erreichbarkeit ihrer Hotlines bekannt ist. Beschwerden und Fragen enden oft im teuren Hotline-Nirwana. Hier lernt man »schnell und ungefragt 20 neue Leute« kennen. Und wenn dann doch einmal jemand erreichbar ist, kann er nicht weiterhelfen. Um Kunden jetzt nicht noch weiter zu verärgern, setzt die Telekom auf Twitter und Facebook. Und siehe da: Den Kunden wird rasch geholfen. Telekom-Mitarbeiter im Service-Center bekommen Namen, sodass sie als Personen greifbar werden. Im September 2010 auf Facebook eingerichtet, hat die »Telekom hilft«-Seite schon rund 22 000 Fans (Stand

Juni 2011). Und sie wird – ebenso wie der Twitter-Account – von Telekom-Kunden aktiv weiterempfohlen. Andere Unternehmen wie Carglass und Otto sind hier Vorreiter.

... ihre Produkte mit dem »gewissen Extra« versehen.

Wie beim Mini, seit 1959 auf dem Markt und immer noch Ausdruck von Individualität. 41 Jahre lang wurde der kleine Pkw nur in technischen Details verändert. Alle typischen Merkmale des kleinen Flitzers blieben erhalten und trotzten allen Modeerscheinungen. Mit dieser Strategie wurde der Mini mit 5 387 862 produzierten Fahrzeugen das meistverkaufte britische Auto. Dazu beigetragen haben dürfte wohl unter anderem, dass Berühmtheiten wie Twiggy, die Beatles und sogar die Queen gern mit dem Mini fuhren.

... von Mensch zu Mensch kommunizieren.

Und dies sowohl gegenüber Geschäfts- wie gegenüber Privatkunden. Denn während Produkte und Services in vielen Bereichen austauschbar sind, ist jeder Mensch einzigartig. Und baut zu anderen Menschen ebenso einzigartige Beziehungen auf. Beziehungen zu Mitarbeitern und Beziehungen zu Kunden sind einmalig, sind symptomatisch und erfolgsrelevant für Geschäfte aller Art. Die persönliche Beratung, der kleine Service extra und viele andere Kleinigkeiten binden Kunden emotional und begeistern sie.

©lean leadership macht Mitarbeiter zu Fans

Die wichtigsten Fans Ihres Unternehmens müssen aber *im* Unternehmen sitzen, müssen *in* Ihrer Vertriebsabteilung sein. Nur wer Fan seines eigenen Unternehmens, der Marke, des Produkts, der Dienstleistung ist, nur wer ein positiver Botschafter ist, kann als Vertriebsmitarbeiter Kunden zu Fans machen.

Wie werden Mitarbeiter langfristig zu Fans des eigenen Unternehmens? Das müssen Sie sich – wie bei den Kunden – verdienen. Ein wichtiger Bestandteil dabei ist die Umsetzung dessen, was Sie von Ihren Mitarbeitern im täglichen Umgang mit Kunden und Kollegen erwarten: respektvolles, ehrliches und faires Miteinander. Als Arbeitgeber oder Auftraggeber sollen Sie Zukunftsperspektive bieten, Orientierung ausstrahlen, Sicherheit vermitteln. Dabei spielen Sie als Führungskraft eine entscheidende Rolle. Denn Sie bestimmen die Regeln, nach denen gearbeitet wird. Sie schaffen den Raum und die Atmosphäre, in denen sich Unternehmenskultur und -klima entwickeln. Sie beeinflussen am Ende, ob jemand gerne zur Arbeit kommt, ob ihm seine Aufgabe Spaß macht oder ob er sich »ständig unter Druck« fühlt: in Ihrem Team, Ihrer Abteilung, Ihrem Unternehmensbereich oder auch im gesamten Unternehmen. Sehen Sie das Unternehmen immer als funktionierendes Ganzes!

Behandeln Sie Mitarbeiter genauso gut wie Kunden

Ich spreche hier von ©*lean leadership*. Das Führungsprinzip beruht auf den drei Säulen *Nachhaltigkeit, Gewinnorientierung* und *Werte-Basis*.

PRAXISTIPPS: Die Säulen des ©lean leadership

Säule 1: Nachhaltigkeit

Nachhaltigkeit heißt, dass die Ziele und Maßnahmen unseres wirtschaftlichen Handelns so angelegt sein müssen, dass sie langfristig funktionieren. Sie zielen darauf, Zukunftstrends zu antizipieren und ihnen strategisch gerecht zu werden. Dafür braucht es eine tragfähige Vision der (Unternehmens-)Zukunft. Nachhaltig bedeutet zudem, dass wir etwas von Wert schaffen, das dem Kunden nachweislich und langfristig nutzt. Etwas, das den künftigen Ressourcen, Ansprüchen und Märkten gerecht wird. Denn Nachhaltigkeit umfasst drei gleichberechtigte Aspekte: Ökologie, Gesellschaft und Ökonomie.

Unternehmen müssen Zukunftstrends und Zukunftsmärkte erkennen und sie auf das eigene Handeln beziehen. Mit dieser Kompetenz müssen sie eine Vision entwickeln. Diese beschreibt, welche Werte, welche Leistungen und welchen Sinn das Unternehmen in neue Märkte einbringen wird. Unternehmen müssen mögliche Risiken, die in Zukunftsmärkten bestehen, absichern sowie ressourcenschonende Entwicklungen und Prozesse anleiten. Und sie müssen die Gegenwart hinsichtlich Kundennutzen und langfristiger Gewinnorientierung managen.

Säule 2: Gewinnorientierung

Unternehmen haben einen gesellschaftspolitischen Auftrag. Der lautet, dem Markt und den Kunden Produkte und Dienstleistungen zu einem fairen Preis-Leistungs-Verhältnis zur Verfügung zu stellen. Den potenziellen Kunden das Leben zu verschönern, die Welt damit zu einem besseren Ort zu machen, nachhaltig zu produzieren und damit Gewinn zu machen. Erfüllen sie diesen Auftrag, werden sie zu Umsatz-Maschinen, können Arbeitsplätze schaffen und Wohlstand sichern. Und sie können investieren – in neue Techniken, neue Produkte, umweltfreundlichere Produktionsverfahren. Gewinne sind die Kosten von morgen. Gewinnorientierung ist wichtig, um den gesellschaftspolitischen Auftrag auch morgen noch ausführen zu können. So macht Gewinn Sinn.

Um diese Aufgabe erfüllen zu können, sind Manager und Führungskräfte mit ausgeprägtem Verantwortungsbewusstsein gefragt. Und zwar nach innen und nach außen: nach innen hinsichtlich Prozesssteuerung und Qualität und nach außen in Bezug auf die Wirkung des eigenen Unternehmens gegenüber Kunden, Geschäftspartnern und Gesellschaft. Führungskräfte müssen Antwort geben auf die sozialen, wirtschaftlichen und politischen Fragen unserer Zeit, sich aktiv in die Gestaltung der gesellschaftlichen Rahmenbedingungen einbringen. Und so den Rahmen schaffen, in dem sie auch künftig verantwortungsbewusst und gewinnorientiert agieren können.

Säule 3: Werte-Basis

Verantwortungsvoll und vorausschauend denken und handeln – beide oben beschriebenen Aspekte zeigen bereits, dass Werte in der Führung wichtig sind. Die sechs wichtigsten Werte, die eine Führungskraft verkörpern sollte, sind dabei Vertrauen, Verantwortung, Respekt, Integrität, Nachhaltigkeit und Mut – so das Ergebnis der Umfrage der »Wertekommission – Initiative wertebewusste Führung e. V.«. Menschen mehr zutrauen, als sie sich selbst zutrauen, Verantwortung mutig delegieren, zu guten Resultaten gratulieren – schade, dass gerade diese Werte von Führungskräften meist ignoriert, zum Teil sogar innerhalb des Unternehmens zerstört werden. Und dies, obwohl eine weltweite Befragung von Booz Allen Hamilton und dem Aspen Institut gezeigt hat, dass es eine erkennbare Verbindung zwischen gelebten Unternehmenswerten und überdurchschnittlichem finanziellem Erfolg gibt. Wertschätzung geht vor Wertschöpfung. Werte schaffen also Werte.

Umsetzen können Sie ©lean leadership, wenn Sie als Top-Führungskraft Folgendes beachten:

So setzen Sie ©lean leadership um

1. Definieren und interpretieren Sie das relevante Umfeld. Welche externen Interessengruppen sind die wichtigsten? Welche Ergebnisse haben für diese die größte Bedeutung? Ihre Kunden sind die Chefs des Unternehmens, ohne sie gäbe es das Unternehmen nicht. Sie sind die einzige Quelle, aus der Geld ins Unternehmen hineinfließt.

2. Definieren Sie Geschäftsfelder. Wo wollen Sie tätig werden, um erfolgreich zu sein? Welche Bereiche grenzen Sie aus?

3. Wägen Sie zwischen Gegenwart und Zukunft ab. Halten Sie das Gleichgewicht zwischen kurz- und mittelfristigen Zielen. Was müssen Sie heute tun und erreichen, um auch morgen noch erfolgreich vorn mit dabei zu sein?

4. Legen Sie Werte und Standards fest. Werte formen die Identität und die Mission eines Unternehmens, sie regeln das Verhalten der Mitarbeiter untereinander wie nach außen. Standards legen Erwartungen fest, sie definieren, welcher Kurs eingeschlagen wird. Sind Sie erfolgreich mit dem, was Sie tun, und mit dem, was für Sie am wichtigsten ist? Haben Sie die Chance, in Ihrem Geschäftsfeld die Nummer eins zu werden?

Werden Sie zum Überzeugungstäter!

Das A & O, die Basis für eine begeisterte Vertriebsmannschaft, bildet Ihre Einstellung, Ihr Handeln, Ihre Initiative als wertebewusste und verantwortungsvolle Führungskraft. Ihr Engagement für das, was Sie für richtig halten. Denn als Führungskraft kommt Ihnen eine ganz besondere Aufgabe zu: die des Vorbilds, des Leuchtturms, an dem sich alle anderen orientieren. Wenn Sie für Ihr Unternehmen, Ihr Produkt brennen, können Sie andere anstecken.

Bitten Sie besser um Verzeihung als um Erlaubnis

Dies erfordert jedoch, dass Sie voll und ganz hinter Ihrem Unternehmen und seinen Produkten stehen. Dass Sie mit sich selbst im Einklang sind, sich Fragen nach dem » Was?« und » Warum?« stellen statt nur nach dem » Wie?« oder » Was machen die anderen?«. Dass Sie Ihr eigenes Leben im Sinne eines Leaders führen, statt es wie ein Manager mit befristetem Vertrag abzuspulen. Dass Sie sich an Ihrem inneren Kompass orientieren statt an äußeren Regeln. Denn wer wagt, gewinnt – zwar nicht immer, aber auf jeden Fall öfter als diejenigen, die abwarten. Und wer stets auf Erlaubnis wartet, kann meist lange warten – und schon ist die Initiative wieder tot. Während die Weisen noch beraten, stürmen die Dummen schon die Burg! Nicht umsonst heißt es: Bitten Sie besser um Verzeihung als um Erlaubnis …

Wie lösen Sie Ihre Handbremse im Kopf? Wie kommen Sie konkret ins Handeln? Auch hier habe ich fünf konkrete Tipps für Sie:

PRAXISTIPP: Fünf Schritte aus der Erlaubnisfalle

1. Machen Sie sich klar, was Sie wollen – und was nicht!

Sie kennen Ihre Richtung? Dann müssen Sie Regeln nur hinsichtlich einer Frage prüfen: »Steht diese Regel zwischen mir und meinem Ziel?« Falls ja, schauen Sie genauer hin: Was können Sie trotzdem tun, um Ihrem Ziel näher zu kommen? Und falls nein, ist die Regel irrelevant – Sie brauchen sie nicht weiter zu beachten.

2. Geben Sie sich selbst einen Grund!

Jeder kennt das Phänomen: Mit einem Anlass lässt es sich leichter handeln. Hat ein Kunde bereits auf der Messe Interesse gezeigt, rufen Sie ihn gerne an. Winkt für ein gut geführtes Team eine konkrete Belohnung, sprechen Sie Probleme leichter an. Die Herausforderung liegt nun darin, für sich selbst triftige Gründe zu suchen. Was bedeutet es für Sie persönlich, wenn Sie Ihr Projekt umsetzen? Was können Sie gewinnen, wenn Sie handeln? Was würden Sie verlieren, wenn Sie nicht handeln? Sich zu entscheiden bedeutet, Preise zu vergleichen. Beantworten Sie diese Frage unabhängig von den Bewertungen Ihrer Kollegen, Ihrer Familie, Ihres Chefs. Es geht um Ihr Leben, Ihre Ziele, Ihre Gründe. Nicht um die der anderen. Sie haben Ihre ganz eigenen Stärken und Schwächen. Sie sehen andere Chancen und Risiken. Stellen andere Fragen und kommen zu anderen Schlüssen. Und das ist gut.

Denn nur so können Innovationen entstehen, neue Ideen ans Licht kommen.

3. Seien Sie mutig! Tun Sie einfach, was Sie tun müssen!

Wer es jedem recht machen möchte, hat in Führungspositionen nichts zu suchen. Denn es allen recht zu machen bedeutet, sich zu verbiegen, Kompromisse einzugehen, hinter denen man nicht steht. Und dies nur, um niemandem wehzutun, um einen allgemeinen Konsens zu erhalten, der bei genauem Hinsehen doch keiner ist. Gleiche Behandlung für alle muss schlicht ungerecht sein! Als Führungskraft ist Ihr Handeln gefragt. Sie dürfen nicht nur, Sie müssen Ihre Meinung kundtun. Eine Geschäftsidee realisieren. Ihren Mitarbeitern Ihre Werte nahebringen. Auch wenn es nicht bei allen Mitarbeitern, Kollegen und Geschäftspartnern gut ankommt. Oder auch bei Ihrem Vorgesetzten. Sie *müssen* es tun, wenn Sie ein Leader sein möchten. Und zwar oft ohne Erlaubnis Dritter – denn wer außer Ihnen sollte Ihnen denn eine Erlaubnis für diese selbstverständlichen Führungsaufgaben geben? Schließlich ist es *Ihr* Leben. *Ihr* Beruf. *Ihre* Aufgabe.

4. Lernen Sie aus den Resultaten und korrigieren Sie gegebenenfalls!

Bei aller Fokussierung auf das interne Bewertungssystem – im Kern geht es dabei um Ergebnisse. Und diese sind letztlich die Grundlage für Bewertungen. Also: Was erreichen Sie auf Ihrem eigenen Weg? Prüfen Sie immer wieder, wo Sie stehen, wohin Sie wollen, was noch dazwischenliegt. Ob Sie Ihren Weg korrigieren müssen – und dann korrigieren Sie ihn, wenn Sie es müssen. Und zwar flexibel, ausdauernd, mit Leidenschaft – und natürlich auf Ihr Ziel fokussiert. Sie werden sehen: Wenn Sie so vorgehen, sammeln Sie Erfolge. Ihre eigenen Erfolge. Und die wiederum geben Ihrem Ego das Feedback, das es für die nächsten Entscheidungen braucht. Sie stärken Ihr internes Bewertungssystem.

5. Machen Sie auch anderen Mut, ihren eigenen Weg zu gehen!

Ich bin davon überzeugt: Unsere Gesellschaft schöpft erst dann ihr volles Potenzial aus, wenn jeder mehr aus sich macht, wenn jeder zeigt, was in ihm steckt. Und genau das ist die Chance freien Denkens, Arbeitens, Schaffens! Es ist die Verantwortung, an unserem Leben zu arbeiten. Es ist die Möglichkeit, dank unser aller Unterschiedlichkeit zu wachsen und besser zu werden – unabhängig von eingebildeten Konventionen, Ängsten und Barrieren. Helfen Sie mit, indem Sie delegieren. Wer nicht delegiert, hat viel Zeit – wer delegiert, hat noch mehr Zeit. Es geht am Ende darum, das zu machen, was wir können, was wir wollen und was wir gern tun – um damit anderen zu nützen. Eine Erlaubnis brauchen wir dafür nicht. Warum auch? Wir sind einzigartig – Sie sind es! Also machen Sie unbedingt etwas daraus! Falls nicht, geht etwas verloren. Für Sie zuerst, und auch für uns alle.

Stecken Sie andere an!

Warum sind einige Unternehmen bei Hochschulabsolventen und Jugendlichen als potenzieller Arbeitgeber erfolgreicher als andere? Weshalb finden Kunden bestimmte Marken sympathisch, während sie andere nicht durch einen Kauf unterstützen möchten? Und weshalb sind einige Unternehmen Leuchttürme, während andere in der Beliebigkeit verschwinden? Weil wir die Leuchttürme mit Werten verbinden. Weil wir für Unternehmen, für Führungskräfte arbeiten möchten, die bestimmte Einstellungen verkörpern, die begeistert sind von den Werten, für die ihre Organisation, ihre Marke steht.

Um das zu erreichen, müssen Sie, muss Ihre Mannschaft bestimmte Werte und ihren Sinn verstehen. Müssen alle die Werte teilen und sie für sich selbst – im Einklang mit dem

Werte mit Leben füllen

Unternehmen – mit Leben füllen. Damit dies gelingt, müssen Werte konkret sein, greifbar werden. Was heißt Zuverlässigkeit? Wie lange darf es beispielsweise dauern, bis eine Kundenanfrage, eine Reklamation beantwortet ist? Leiten Sie aus den Werten klare Ziele ab! Achten Sie darauf, dass die Vertriebsmitarbeiter wissen, was von ihnen erwartet wird. Interne Strukturen und Regeln geben klare Orientierung für alle. Sie erleichtern das Miteinander ebenso wie das Erreichen der Ziele. Denn sie geben Maßstäbe, nach denen das Erreichte sich einstufen lässt, um zu schauen, wo es hakt. Wo mehr (Selbst-)Motivation, mehr Leidenschaft benötigt wird. Oder auch, wo jemand so begeistert ist, dass er andere mitreißen kann.

Und: Ziele gewährleisten Nachhaltigkeit. Bei der Mitarbeitermotivation ebenso wie im Unternehmenserfolg. Denn nichts frustriert gute, engagierte Mitarbeiter so sehr wie eine fehlende oder ständig wechselnde Strategie. Und kaum etwas kann einem Unternehmen langfristig so viel Schaden zufügen wie demotivierte Mitarbeiter.

Vertriebsintelligent planen und handeln

Mitarbeiter, die diese Orientierung, diese Motivation erhalten, denken über den berühmten Tellerrand hinaus. Sie sind eher bereit, Kollegen zu helfen, ganzheitlich für das Unternehmen zu denken, Kunden intensiver zu beraten – und mit ihrer Begeisterung für das Unternehmen anzustecken.

Sie als Führungskraft sind quasi der Dreh- und Angelpunkt, die Orientierungsmarke, an der sich Ihre Mitarbeiter ausrichten. An Ihnen liegt es, ob Ihre Mitarbeiter mit ganzer Begeisterung dabei sind oder ihre Aufgabe »auf die leichte Schulter« nehmen.

Dabei sind die drei Säulen der ©lean leadership feste Bestandteile eines weiteren Erfolgsfaktors: des vertriebsintelligenten Handelns. Dieses wird, so ein Teilergebnis unserer Umfrage, für den Unternehmenserfolg als wichtiger eingeschätzt als beispielsweise Zuverlässigkeit.

Auszug aus dem Forschungsprojekt VertriebsIntelligenz®: Unternehmenserfolg und VertriebsIntelligenz®

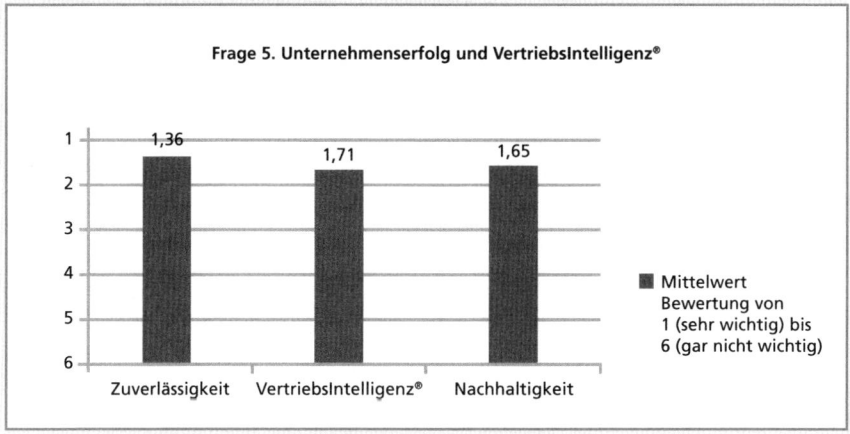

Frage 5. Unternehmenserfolg und VertriebsIntelligenz®

Wie wichtig vertriebsintelligentes Handeln für den Unternehmenserfolg ist, zeigt auch die Frage nach dem Zusammenhang von Vertriebsintelligenz und Unternehmenserfolg. Bei der Bewertung von »sehr wichtig« bis »gar nicht wichtig« hat Vertriebsintelligenz einen Mittelwert von 1,71 erreicht. Damit ist dieser Aspekt aus Sicht der Studienteilnehmer wichtiger als Zuverlässigkeit oder Nachhaltigkeit.

Unter Vertriebsintelligenz verstehe ich wie eingangs beschrieben ein ganzheitliches, wertebewusstes Kompetenzmodell. Richtig entwickelt und umgesetzt führt es unweigerlich zu unternehmerischem Erfolg, im ersten Schritt zu mehr Umsatz.

HINTERGRUND: Kompetenzmodell VertriebsIntelligenz®

VertriebsIntelligenz® umfasst die am Anfang erwähnten Kompetenzfelder *Marktstrategie, Vertriebsvermögen, ©lean leadership*
und *Gestalterkraft* (Motivation). Diese vier Kompetenzfelder
enthalten zahlreiche Einzelkompetenzen, die ineinandergreifen.
Schauen wir sie uns daher einmal genauer an:

- Positionierung anhand einer durchschlagenden Marktstrategie:
  Entwickeln Sie eine (emotionale) Marktstrategie – im B2C- und
  auch im B2B-Segment. Jeder Einkaufsprozess wird als emotionales Erlebnis und Fest gestaltet. So gelingt es Ihnen, Zukunftsmärkte offensiv zu erschließen. Beispielsweise in den Branchen
  Biotechnologie, Dienstleistung / Handel, Logistik / Transport und
  Versicherungen/Vorsorge. Oder in einem der vielen Segmente,
  die Ihnen die Megatrends eröffnen (siehe Kapitel 5).

- Vertriebswissen als Vertriebsvermögen: Vertriebsmitarbeiter
  müssen das Richtige zum richtigen Zeitpunkt tun (effektiv
  vorgehen), richtig und oft und konsequent tun (effizient vorgehen), die kritischen Erfolgsfaktoren im Verkauf berücksichtigen,
  konsequent akquirieren, beziehungs- und abschlussorientierte
  Verkaufsgespräche führen und als beweisende Vorbilder
  beseelt handeln.

- ©lean leadership: Vertriebsintelligente Führungspersönlichkei-
  ten fordern und fördern ihre Mitarbeiter, führen sie zum Erfolg
  und beherrschen die »vier Ebenen der Führung«: Selbst-, Mit-
  arbeiter-, Team- und Unternehmensführung.

- Gestalter- und Umsetzungskraft: Bestimmte Soft Skills befähigen
  Führungskräfte und Mitarbeiter dazu, gestalten zu wollen,
  motiviert zu handeln, Dinge umzusetzen, die »PS auf die
  Straße« zu bekommen.

Diese Kompetenzfelder gilt es nun mit Leben zu füllen – durch zahlreiche Einzelkompetenzen, die alle diesen vier Feldern zugeordnet sind. Wichtig ist dabei das Zusammenspiel. Dazu lade ich Sie zu einem kleinen Test ein: Welche der folgenden Statements können Sie für sich bestätigen?

Ein kleiner Test

Ich definiere strategische Ziele größerer Bereiche und setze Leitlinien zur Umsetzung. Dafür stelle ich die notwendigen Ressourcen zur Verfügung und entwickle Kompetenzen meiner Mitarbeiter im Hinblick auf die Operationalisierung der Ziele. ❑

Ich habe ausgezeichnete Führungseigenschaften, binde alle Ebenen in den Kommunikationsprozess ein. Ich integriere den Shareholder-Value-Gedanken und erziele überdurchschnittliche Ergebnisse. Außerdem entwickle ich strategische Innovationen zur permanenten Ausweitung der Märkte. ❑

Ich definiere Ziele meiner Arbeitsumgebung, der Abteilung, des Teams und kommuniziere diese meinen Mitarbeitern. ❑

Ich verfüge über ein reichhaltiges Führungsrepertoire aufgrund von guter theoretischer Ausbildung und umfangreicher Erfahrung. Ich kommuniziere Strategien, definiere erforderliche Prozesse und passe die Kompetenzen meiner Teams über die Lernkurve an. ❑

Ich gelte als ausgewiesener Spezialist in meinem Fachbereich / in unserer Branche. Dafür verfeinere ich meinen Expertenstatus ständig und habe Lösungen für meine Schwächen installiert. ❑

Ich kenne meine Stärken und fördere und entwickle sie gezielt zum Expertentum. Ich gestalte Situationen aktiv so, dass meine Stärken zum Tragen kommen. ❏

Ich kenne meine Stärken genau und suche aktiv Situationen, in denen ich diese zur Wirkung bringen kann. ❏

Ich habe eine ungefähre Vorstellung meiner Stärken, setze sie allerdings erst sporadisch und eher zufällig und außengesteuert ein. Ehrlich gesagt, pendle ich zwischen Stärken- und Schwächenorientierung. ❏

Ich bin in der Lage, mich und auch andere zur kontinuierlichen Arbeit anzuregen. Ich liefere mit zunehmender Projekt-/Aufgabendauer ständig bessere Arbeitsergebnisse ab. ❏

Ich bin mir aller Aspekte der vier Ebenen der Führung (Selbstführung, Mitarbeiterführung, Teamführung, Unternehmensführung) bewusst und fähig, mich auf der Ebene der Selbstführung zu managen. ❏

Ich habe über die verschiedenen Ebenen der Führung (Selbstführung, Mitarbeiterführung, Teamführung, Unternehmensführung) gelesen und mir theoretisches Wissen angeeignet. ❏

Ich bin mir aller Aspekte der vier Ebenen der Führung bewusst und bilde mich ständig über die neuen Erkenntnisse im Bereich der Führung weiter. Ich wende diese Erkenntnisse an und reflektiere ständig über meinen Führungsstil, den ich auf allen vier Ebenen ausübe. ❏

Ich bin mir der Aspekte der vier Ebenen der Führung bewusst und erweitere mein theoretisches Wissen ständig, da ich meine Mitarbeiter zu Umsatzerfolg im Unternehmen und persönlicher Zufriedenheit führen möchte. ❏

Ich kann aufgrund unternehmensinterner und externer Analyseergebnisse und persönlicher Beobachtungswerte Produktionsfaktoren so miteinander kombinieren und entwickeln, dass ein schneller, nachhaltiger und deutlicher Mehrwert für das Unternehmen entsteht. Ich entwickle die wirtschaftlichen Visionen und leite dieses Können an Mitarbeiter weiter, delegiere die unterstützenden Teile der Aufgabe. ❏

Ich analysiere selbstständig die betrieblichen Produktionsfaktoren und erstelle mögliche Kombinationsszenarien, die einen Mehrwert erwarten lassen / erzielen. ❏

Ich kann unter Anleitung die betrieblichen Produktionsfaktoren analysieren und kombinieren; ich versuche, darauf einen Weg zur Erzielung eines Mehrwerts aufzubauen. ❏

Ich kann aufgrund unternehmensinterner und externer Analyseergebnisse und persönlicher Beobachtungswerte Produktionsfaktoren so miteinander kombinieren und entwickeln, dass ein schneller, nachhaltiger und deutlicher Mehrwert für das Unternehmen entsteht. ❏

Ich entwickle aufgrund der definierten Unternehmensziele die Wachstumsstrategie auf Basis meines Wissens über neue Märkte, neue Trends, neue Produkte und der aktuellen und künftigen Wettbewerbersituation. Ich kümmere mich um die Ausweitung bestehender Märkte und setze die Ziele operativ um. ❏

Ich definiere die Entwicklungs- und Wachstumsdynamik meines Unternehmens und berechne optimale Wachstumsschübe, denn meine Aufgabe ist es, die sichere Eroberung des Zukunftsmarktes für mein Unternehmen zu unterstützen. ❏

Ich unterstütze den Wachstumsprozess meines Unternehmens im Bereich der Zukunftsmärkte durch Abwicklung von Teilprojekten. ❏

Ich generiere Wachstumsziele auf Ebene des Gesamtunternehmens. Ich lege die Marktstrategien für die Zukunft fest und definiere übergeordnete Marktziele und Positionierungsziele. Dafür übertrage ich einzelne Projekte an strategische und operationale Einheiten der Unternehmensentwicklung. Zuverlässig erreiche ich so die definierten Ziele der Eroberung der Zukunftsmärkte. ❏

Ich bin kreativ in der Neudefinition von Prozessen und Verfahren. Ich habe keine Angst, bestehende Prozesse oder Machtverhältnisse im Unternehmen anzugreifen und dafür alternative Vorschläge zu erarbeiten. Am Veränderungsprozess des Unternehmens (Change-Management) bin ich beteiligt. ❏

Langfristig und strategisch denken

In der Vertriebsintelligenz geht es um Begeisterung, Leidenschaft und Motivation und es geht um langfristig hervorragende Leistung und kontinuierliche Verbesserung im Vertrieb. Um strategisches, vorausschauendes Denken und Handeln, um Nachhaltigkeit. Doch was bedeutet Nachhaltigkeit im Vertrieb? Denn als nachhaltig wird heute fast alles etikettiert! Deshalb haben wir im Rahmen des Forschungsprojekts VertriebsIntelligenz® gefragt, was die Studienteilnehmer unter Nachhaltigkeit verstehen.

Auszug aus dem Forschungsprojekt VertriebsIntelligenz®:
Nachhaltigkeit im Vertrieb

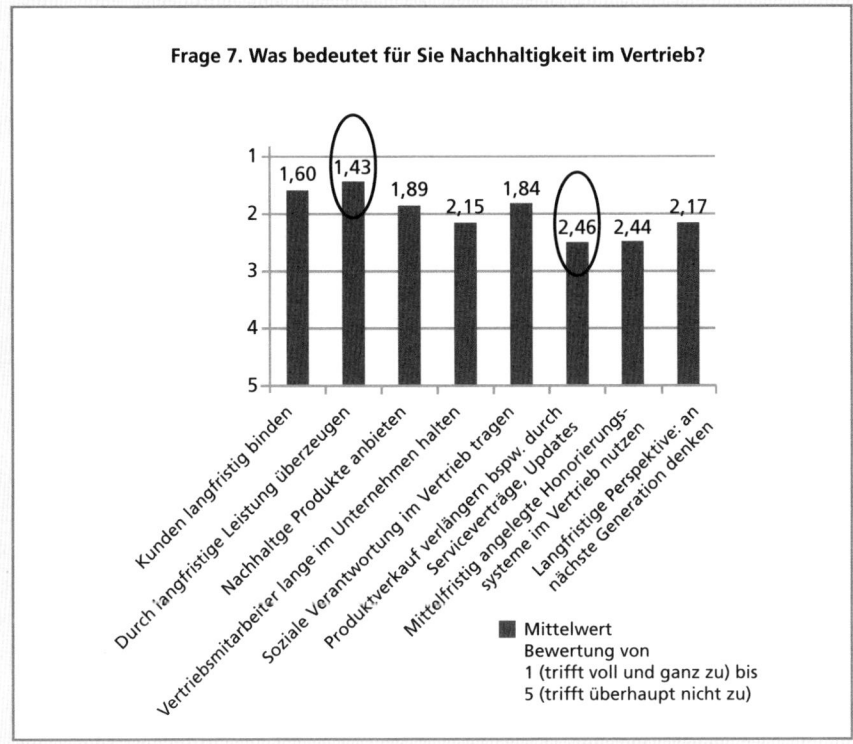

Frage 7. Was bedeutet für Sie Nachhaltigkeit im Vertrieb?

Die Studienteilnehmer wurden gebeten, insgesamt acht Aussagen zum Thema
»Nachhaltigkeit im Vertrieb« zu bewerten. Die höchste Zustimmung erhielt mit der
Durchschnittsnote 1,43 der Satz: »Nachhaltigkeit im Vertrieb bedeutet, dass ein
Unternehmen durch langfristige Leistungen überzeugen soll.« Platz 2 erreichte die
Aussage »Kunden langfristig binden« mit einer Durchschnittsbewertung von 1,60.

Langfristige Leistungen erbringen – dies kann durchaus mit »Zuverlässigkeit« und »Qualität« übersetzt werden, aber auch mit »Kompetenz«. Und diese hängt sehr eng mit dem Wissen, dem Know-how der Vertriebsmitarbeiter zusammen. Dabei gibt es Anforderungen, die auch heute noch gelten wie gestern, während in anderen Bereichen neues, zum Teil umfangreicheres Wissen gefragt ist. Konkret geht es um folgende Kompetenzen:

Bleibende Kompetenzen:

- Denkt und handelt kundenorientiert
- Kann gut mit Menschen umgehen
- Kennt die Kunden und ihre Anforderungen besonders gut
- Kennt die Leistungen und Produkte des Unternehmens besonders gut
- Kann die Leistungen und Produkte bedarfsgerecht präsentieren
- Kann gut mit Einwänden umgehen

Neue Kompetenzen:

- Denkt und handelt vertriebsintelligent
- Denkt vorausschauend und behält die Märkte und Wettbewerber im Blick
- Beschäftigt sich mit Megatrends und ihren Auswirkungen auf die Märkte und die Kundenanforderungen
- Spricht die Kunden auf verschiedenen Wegen an – nutzt beispielsweise Kanäle wie Facebook und Twitter, telefoniert mit den Kunden, schreibt aber auch Mails und Briefe
- Bereitet sich mit Informationen aus sozialen Netzwerken und dem Internet umfangreicher auf die Gespräche vor, um den Kunden kompetenter und umfassender beraten zu können

Guter Vertrieb erfordert Know-how

Gerade weil die Kompetenzen der Vertriebsmitarbeiter so enorm wichtig sind, wurde der Punkt »Mitarbeiterweiterbildung« innerhalb des Forschungsprojekts VertriebsIntelligenz® von den Teilnehmern als essenziell angesehen. Genannt wurden hier vor allem »Verkauf-Trainings«, »Workshops« und »internes sowie externes Coaching«. Das sind Maßnahmen, mit denen Mitarbeiter ihre persönlichen Kompetenzen, ihr Wissen um Produkte und Leistungen des Unternehmens ausbauen können. Damit erhalten sie die Grundlage, sich selbst zu motivieren, sich für das Unternehmen zu begeistern – und diese Begeisterung auf Kunden übertragen zu können.

Erfolgreiche Konzerne haben dies erkannt und investieren gezielt in die Mitarbeiterentwicklung. Sie stellen Jahr für Jahr pro Mitarbeiter ein bestimmtes Budget zur Verfügung. Und dies nicht zu knapp: Über 140 Millionen Euro werden bis 2015 voraussichtlich in Personalentwicklungsprogramme investiert. Dies ergab eine Befragung von Personalvorständen und Verantwortlichen der Führungskräfteentwicklung, die von der Executive Partners Group im Jahr 2010 durchgeführt wurde. Die Studie richtete sich an alle DAX-Unternehmen sowie 70 Prozent der kapitalstärksten Unternehmen aus M-DAX, TEC-DAX und S-DAX. Demnach setzen über 70 Prozent der kapitalstärksten Unternehmen auf gezielte Maßnahmen zur Personalentwicklung für das Top-Management. ⇨ www.exec-pg.com

Personalentwicklung ist essenziell

Eine bundesweite Befragung der DIHK im Jahr 2010 unter 15 333 Unternehmen hat ergeben, dass – bezogen auf das betriebliche Weiterbildungsengagement – 93 Prozent der Firmen nicht an der Qualifizierung ihrer Mitarbeiter sparen wollen. 25 Prozent planen demnach sogar, das betriebliche Weiterbildungsangebot auszubauen. ⇨ www.ihk-lueneburg.de

Dazu unterhalten Unternehmen teilweise selbst Weiterbildungsinstitute mit exakt auf die eigenen Anforderungen zugeschnittenen Trainings, wie beispielsweise die TNT Express mit der TNT Akademie. Hier lernen Auszubildende im dreitägigen Einführungskurs ihren Arbeitgeber, seine Unternehmensphilosophie und die Produkte kennen. Hier trainieren Mitarbeiter ihre rhetorischen Fähigkeiten. Sie führen Kommunikationstrainings ebenso durch wie Vertriebsschulungen. Sie erhalten Hintergrundwissen über die Leistungen des Unternehmens im Vergleich zum Wettbewerb, lernen mehr über den USP und den Spirit des Konzerns. So werden sie motiviert, sich mit dem Unternehmen zu identifizieren und damit auch zum Markenbotschafter zu werden.

Außerdem: Weiterbildung und Training motivieren Menschen. Denn jedes Coaching, jedes Seminar ist eine Botschaft: Ich glaube an dich, investiere in dich. Ich möchte, dass du dazulernst. Dass du weiterkommst, uns weiterbringst. Unsere Kunden weiterbringst – für weitere gemeinsame Erfolge. Diese Investitionen zahlen sich durch eine höhere Loyalität zum Unternehmen aus.

**Auszug aus dem Forschungsprojekt Vertriebs-
Intelligenz®: Vertriebsmitarbeiter langfristig im
Unternehmen halten**

69 Prozent der Studienteilnehmer stimmten der Aussage
»Vertriebsmitarbeiter lange im Unternehmen halten« als
Voraussetzung für Nachhaltigkeit im Vertrieb zu. Vorausgesetzt
natürlich, der Mitarbeiter bringt die gewünschte Motivation
und Identifikation sowie das entsprechende Know-how mit.

Honorierung ist nicht die wichtigste Motivation

Doch wie hält man einen talentierten Vertriebsmitarbeiter im Unternehmen? Wie begeistert man ihn, bringt ihn zum Brennen? In diesem Zusammenhang wird immer wieder die Honorierung genannt. Geld ist wichtig, gerade in unserer Gesellschaft, in der gerne auf Äußerlichkeiten geachtet wird. Zudem ist Geld, ist das eigene Einkommen immer ein Ergebnis. Ergebnis einer mit Hingabe und Kompetenz ausgeführten Arbeit. Aber Geld allein ist nicht alles, auch wenn es vor allem im Rekrutierungsprozess oftmals ein wichtiger Aspekt ist. Wenn das Unternehmensklima, die anderen Rahmenbedingungen nicht stimmen, wird jeder engagierte Mitarbeiter über einen Wechsel nachdenken. Selbst dann, wenn ihm der Chef mehr Gehalt bietet.

Einer guten Freundin von mir ist es so ergangen. Sie hatte einen verantwortlichen und überdurchschnittlich bezahlten Job im Vertrieb eines großen Telekommunikationsanbieters. Regelmäßige Gehaltserhöhungen und Prämien waren ihr sicher. Trotzdem war sie unzufrieden. Sie wollte sich weiterentwickeln, ihr Wissen erweitern. Sie hat privat Weiterbildungen besucht, war aktiv. Sie stand in den Startlöchern – und alle Ampeln waren auf Rot gestellt. Ihr Vorgesetzter bat sie um Geduld. Momentan sei nicht der richtige Zeitpunkt. Man müsse erst die Gesamtentwicklung des Unternehmens abwarten, bis man ihr andere, zusätzliche Aufgaben zutrauen könne. Man wisse ja noch nicht, ob sie an aktueller Stelle nicht doch am besten für das Unternehmen wirke. Sie bat ihn um Verständnis dafür, dass sie zum Wohl des Unternehmens nicht versauern wolle, und deutete ihre Kündigung an. Prompt bekam sie eine Gehaltserhöhung angeboten. Sie verzichtete und ging. Richtig so?

Beispiel für falsche Anreize

Unzufriedenheit als Chance zur Begeisterung nutzen

Führung, Zuverlässigkeit, Mitarbeiterentwicklung und Nachhaltigkeit – all dies sind Bausteine. Sie dienen dem Ziel, das Unternehmen auf Erfolgskurs zu bringen und dort zu halten. Dabei spielt ein wesentlicher Aspekt eine Rolle: die Kundenzufriedenheit. Denn jedes Unternehmen kann nur dank seiner Kunden existieren. Sie sind der einzige Quell, aus dem Geld ins Unternehmen fließt. Geld, das dann in die Gehälter, die Produktion, das Marketing, den Vertrieb und die Produktentwicklung investiert wird.

Vor diesem Hintergrund verwundert es nicht, dass im Rahmen unseres Forschungsprojekts »Kundenzufriedenheit« die häufigste Antwort auf die Frage war, welche Maßnahmen ein Unternehmen zu einer im besten Sinne wirkenden »Kunden-Maschine«, einem Anbieter mit höchster Sogkraft, mit größter Attraktion für den Kunden machen würden.

**Auszug aus dem Forschungsprojekt VertriebsIntelligenz®:
Welche Maßnahmen machen ein Unternehmen zu einer
»Kunden-Maschine«?**

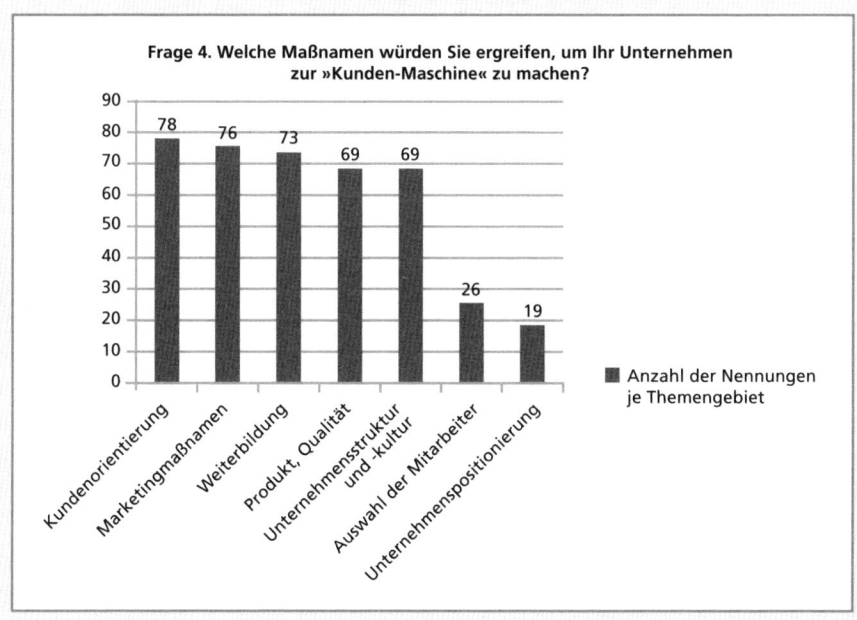

Frage 4. Welche Maßnamen würden Sie ergreifen, um Ihr Unternehmen zur »Kunden-Maschine« zu machen?

■ Anzahl der Nennungen je Themengebiet

Welche Maßnahmen tragen dazu bei, dass ein Unternehmen eine hohe Sog- und Faszinationswirkung für Kunden ausübt – und zwar so stark, dass die Kunden das Unternehmen gerne und aus Überzeugung zur Umsatz-Maschine machen? Mit 35 Prozent der Nennungen steht »Kundenorientierung« auf Platz 1.

Kundenorientierung? Eine mögliche Definition lautet: »… *die Anteile einer Prozessorientierung und Marketingausrichtung …, mithilfe derer die Abhängigkeit der Unternehmen vom Kunden in den Mittelpunkt unternehmerischer Entscheidungen gestellt wird. … ›Der Kunde ist König‹ gilt hierbei als Paradigma der kaufmännischen Denkweise.«*
⇨ Quelle: http://de.wikipedia.org/wiki/Kundenorientierung

Aber ist das genug, um sich vom Wettbewerb abzuheben? Einzigartig zu sein? Um zu begeistern? Ich sage: Nein! Kundenorientierung heute bedeutet Customer-Experience-Management. Ziel ist die Schaffung positiver Kundenerfahrungen, um so eine emotionale Bindung zwischen Kunden und Unternehmen zu erreichen. Dabei sollen aus zufriedenen Kunden loyale Kunden werden. Und aus loyalen Kunden begeisterte Kunden, die als »Botschafter der Marke« auftreten und diese weiterempfehlen. Customer-Experience-Management setzt ganz gezielt auf indirekte Effekte wie Mundpropaganda.

Ein weiterer Aspekt: Customer-Experience-Management nutzt möglichst viele Kommunikationskanäle und -anlässe, um mit dem Kunden in Kontakt zu treten. Dieser wird nicht erst angesprochen, wenn er das fertige Produkt kaufen soll, sondern bereits bei der Produktentwicklung. Weitere Kontaktpunkte sind Beratungsgespräche, der Kauf selbst sowie Nutzung und Wartung des Produktes. Das Unternehmen begleitet den Kunden also über den Kauf hinaus. Es wächst mit ihm, indem es das »Ohr am Markt« hat und so bereits neue Anforderungen voraussieht, bevor der Kunde sie ausspricht.

Unzufriedenheit als Motor nutzen

Das beinhaltet auch, dass Sie auch dann mit dem Kunden sprechen, wenn er unzufrieden ist. Wenn er sich über Sie beschwert, den Vertrag kündigen will oder versucht, Preise neu auszuhandeln. In diesen Momenten mit der Einstellung »Der ist eh weg« oder »Wenn wir noch günstiger werden, zahlen wir drauf« zu reagieren, ist ein Fehler. Denn unzufriedene Kunden, die den Kontakt suchen, sind loyal. Sie geben Ihnen die Chance, Ihr Angebot zu verbessern. Und damit sind sie wertvolle Hinweisgeber dafür, wo Sie Ihr Produkt, Ihre Leistung optimieren können. Für andere Kunden. Für den Markt von morgen. Oder auch für neue Zielbranchen.

Dabei kann das Unternehmen mehrfach von Beschwerden profitieren: Der Kunde wird zufriedengestellt – damit lassen sich negative Auswirkungen der Unzufriedenheit wie schlechte Mundpropaganda vermeiden. Folgekosten durch fehlerhafte Produkte unterbleiben. Und die Information kann aktiv genutzt werden, um betriebliche Risiken und Chancen im Markt zu erkennen.

Vor allem aber haben erfolgreich gelöste Beschwerden eine starke emotionale Wirkung. Sie beeinflussen langfristig die Kundenbindung, und zwar positiv. Hat sich das Unternehmen dem Kundenanliegen angenommen und es im Kundensinn gelöst, ist dies ein klares Zeichen von Wertschätzung. Und dieses wird mit höherer Loyalität beantwortet. Mit der Bereitschaft zum Wiederkauf, der Entscheidung für weitere Produkte des Anbieters – und zur Empfehlung des Produkts im Bekanntenkreis.

So erging es beispielsweise meiner Freundin Barbara, die freiberuflich tätig und dabei auf ihr Telefon sowie ihren Internetanschluss angewiesen ist. Sie hatte sich von einem schnelleren Internetzugang mit entsprechendem Modem überzeugen lassen – nachdem sie nachgefragt hatte, ob die neue Lösung denn ISDN-tauglich und für Mac geeignet sei. Leider irrte der Vertriebsmitarbeiter in diesem Punkt, das Modem musste zurück. Ärgerlich war dabei vor allem eins: In der Annahme, alles laufe richtig, war der Internetzugang von Barbara in der Zwischenzeit auf High-Speed umgestellt worden – mit der Folge, dass nichts mehr lief. Verzweifelt rief sie bei der Hotline an. Und hatte Glück: Der Mitarbeiter war engagiert. Zwar wies er darauf hin, dass es für das beanstandete Produkt eine eigene Hotline gibt – aber eben auch darauf, dass diese Hotline Geld kostet. Und er nannte eine Alternativnummer, mit der Barbara kostenlos einen kompetenten Mitarbeiter erreichte, der die Leitung kurz umstellte. Mit diesem Schritt hat der erste Ansprechpartner sie erst gar

Beispiel erfolgreicher Reklamationsbearbeitung

nicht in das übliche System – Beschwerde annehmen, notieren, weiterreichen, irgendwann bearbeiten – aufgenommen, sondern direkt nach einer Lösung gesucht. Und diese gefunden. Fazit: Barbara denkt nicht im Traum daran, ihren Anbieter zu wechseln – und dies, obwohl andere Angebote günstiger wären.

Nur Begeisterte begeistern!

Barbara geht sogar einen Schritt weiter: Jedes Mal, wenn jemand in ihrem Bekanntenkreis auf seinen Telekommunikationsanbieter schimpft, empfiehlt sie ihren. Und erzählt die Geschichte vom schnellen Service. Den Einwand der vergleichsweise hohen Kosten entkräftigt sie. Klar geht es billiger. Aber eben nicht mit der Qualität und dem Service. Und Erreichbarkeit ist ihr wichtig, wichtiger als eine niedrigere Rechnung.

So wie Barbara halten es viele Kunden: Sie erzählen, was ihnen gefällt. Sie empfehlen Produkte und Unternehmen mit einer positiven Story, die Interessenten für Sie einnehmen kann. Das ist die beste Werbung, die Sie bekommen können.

Das Positive bleibt Übrigens: Verbraucher erinnern sich besser an positive Mundpropaganda als an negative Erfahrungsberichte. Dies hat die Studie »Mundpropaganda Monitor 01« von trnd Forschung aus dem Jahr 2010 ergeben. Demnach berichten Verbraucher, die nach ihren letzten Mundpropaganda-Erinnerungen gefragt werden, zu 89 Prozent über positive Erinnerungen, nur zu 7 Prozent über negative Erlebnisse.

Unternehmens-geschichten erzählen Wie aber kommen Sie zu Storys, die sich Ihre Kunden gern erzählen? Nun: Die Storys entstehen in Ihrem Unternehmen. Hauptdarsteller sind Ihre Mitarbeiter, Ihre Vertriebsmannschaft, Ihre Ansprechpartner bei der Beschwerdestelle. Beispiel Lufthansa: Als Folge der Katastrophe im März 2011 konnte der Konzern die Verbindungen nach Japan nicht aufrechterhalten. Die Kunden wurden unter anderem über die Facebook-Seite der Lufthansa über Flüge und deren Ausfälle informiert. Die Nachricht, dass die Flüge – soweit möglich – trotz einer drohenden Atomkatastrophe aufrechterhalten würden, hat bei den rund 178 000 Fluggästen unterschiedliche Reaktionen hervorgerufen: Lob dafür, dass weiter Helfer ins Land gebracht werden. Und Unverständnis darüber, dass die Crew solchen Gefahren ausgesetzt wird. Beide Reaktionen zeigen, wie sehr das Dialogangebot angenommen wird. ➪ www.facebook.com/lufthansa

Auch andere Unternehmen schreiben gute Geschichten: Eurail.Com, das Online-Vertriebsportal für Eurail-Pässe, mit denen Touristen europäische Länder per Bahn erkunden können, hat beispielsweise den Mashable Award für den besten Kundendienst über soziale Medien erhalten. Der Award ist quasi der Internet-Oskar für das Beste, was es im Web gibt. Das Besondere bei Eurail.Com: Innerhalb weniger Stunden werden Kundenfragen in Facebook von einem ganzen Team von Tourismusfachkräften beantwortet, und zwar in mehreren Sprachen. Damit werden Kunden in der Regel in ihrer Muttersprache betreut, sodass es zu weniger Missverständnissen kommt. Fragen und Antworten gehen dabei weit über den Eurail-Pass hinaus. Die Kunden können Fragen rund um ihre Reiseziele stellen – und erhalten prompt eine Antwort. Damit ist die Fanpage auf Facebook eine feste Anlaufstelle für alle, die mit dem Eurail-Pass reisen wollen. Mit diesem Service hat das Vertriebsportal allein bei Facebook über 10 000 Fans gefunden (Stand Januar 2011), nach Unternehmensangaben sollen es sogar über 50 000 Fans in allen sozialen Medien sein, in denen das Portal Präsenz zeigt.

Kunden individuell betreuen

Wie können Sie von dieser Erfahrung profitieren? Was können Sie für Ihr Unternehmen ableiten?

PRAXISTIPPS: Das entscheidende Service-Extra im Kundendienst

1. Denken Sie Service weiter als in den engen Grenzen Ihres Produkts. Weisen Sie Kunden beispielsweise auf Software-Updates hin. Oder auf geplante Gesetzesänderungen, die die Prozessbedingungen beeinflussen oder zu Änderungen im Betriebsablauf führen können. Oder senden Sie aktuelle Zeitungsberichte oder Kommentare aus dem Netz. Bieten Sie diesen Service auch dann, wenn Sie nicht direkt finanziell profitieren.

2. Reagieren Sie rasch. Fragen und Probleme drängen Ihren Kunden in dem Moment, in dem sie formuliert werden. Wer lange auf Antwort warten muss, wendet sich ab und sucht woanders nach Lösungen.

3. Halten Sie den Dialog aufrecht – etwa, indem Sie nachfragen, ob bei der Implementierung der Software alles geklappt hat. Ob der Kunde mit dem Produkt zurechtkommt oder Fragen hat, wie das Feedback der Trainings ausgefallen ist, was genau sich wie verbessert hat. Und natürlich, wie zufrieden er ist oder welches Verbesserungspotenzial es noch gibt. Gerade hinsichtlich Social Media *behaupten* nämlich 92 Prozent der Unternehmen, dass sie verstanden hätten, wie wichtig der direkte Dialog in Vertrieb und Service mit den Kunden sei, tatsächlich aber zeigen sie keinen Mut dazu – insbesondere im B2B-Markt, resümiert eine Studie von Februar 2011 (www.b2b-online-monitor.de).

4. Sagen Sie öfter Danke: für den X. Auftrag, die langjährige Treue, die Anfrage zur Erweiterung der Zusammenarbeit – es gibt viele Anlässe, bei denen Sie mit einem Extra-Service punkten können. Das nährt Vertrauen und Verlässlichkeit.

5. Ihr Kunde will Sie auf der Fachmesse besuchen? Nun – das Ticket ist ihm sicher. Schenken Sie ihm doch zusätzlich die Parkgebühr für den Messeparkplatz.

Sie sehen: Begeistern können Sie auf zahlreichen Wegen. Auf Facebook und nicht nur dort. Denn Kundenorientierung zeigt sich auf unterschiedlichste Weise – in der Beratung, der Qualität, der Zuverlässigkeit. Begeisterung kann dann entstehen, wenn Sie selbst von Ihrem Unternehmen, Ihrer Marke, Ihrem Produkt überzeugt sind. Wenn Sie es Ihrem Kunden aus ganzem Herzen empfehlen können. Wenn Sie ihn emotional erreichen, weil Ihre Leistung zu ihm passt und genau das ist, was er braucht. Was er will. Wenn dies gegeben ist, machen Sie ihn zum Fan, der Sie und Ihr Unternehmen weiterempfiehlt.

Und das heißt für Sie im Vertrieb konkret:

1. Investieren Sie in die Kompetenz und die Motivation Ihrer Mitarbeiter beziehungsweise in Ihre eigene Weiterbildung und -entwicklung.

2. Handeln Sie klar und strukturiert nach definierten Zielen. Achten Sie darauf, dass Ziele, Worte und Handeln nachhaltig eine Einheit bilden.

3. Hinterfragen Sie Ihre Handlungen und Ziele regelmäßig nach den Prinzipien der Vertriebsintelligenz. Richten Sie bei Bedarf Ihre Marktstrategie neu aus.

4. Nutzen Sie jede Möglichkeit, Mitarbeiter und Kunden von Ihrem Unternehmen und Ihren Produkten zu begeistern.

5. Fordern Sie begeisterte Kunden dazu auf, Sie weiterzuempfehlen. Fragen Sie Ihre Mitarbeiter, ob sie potenzielle neue Kollegen kennen – und ob sie diese ansprechen möchten. Begeisterung ist unwiderstehlich. Begeisterung steckt an. Begeisterung ist viral! Nicht nur im Marketing, auch im Vertrieb!

Lesen Sie immer aktuell weiter – und diskutieren Sie mit mir!
Vertrieb und Führung im Vertrieb stehen im Mittelpunkt meines
Blogs unter:
⇨ www.andreas-buhr.com,

meiner Facebook-Seite:
⇨ www.facebook.com/Andreas.Buhr.Speaker

und auch unter:
⇨ www.wir-sind-umsatz.de

7. KAPITEL

Vertrieb geht heute anders ...

und morgen?

In diesem Kapitel lesen Sie, warum sich das Social Web zum Casual Web entwickelt. Welche anderen Trends in den nächsten Jahren den Vertrieb B2B und B2C beeinflussen könnten. Und warum es auch künftig darauf ankommen wird, den Kunden durch emotionale Ansprache und Begeisterung langfristig zu überzeugen.

Vergessen Sie Ihre Vertriebsabteilung! So wie bisher wird es sie kaum noch geben. Keine Mitarbeiter mehr, die acht Stunden am Tag Vertrieb machen und dann nach Hause gehen. Kein »eight to five«-Denken« mehr. Keine Möbelbewacher, keine Drehstuhlranger, keine Vertriebsabteilung, die am Wochenende geschlossen ist. Nichts dergleichen!

Vertrieb ist künftig immer und überall

Vier (der 20 wichtigsten) Metatrends, die dafür verantwortlich sind, dass sich die Welt des Verkaufs und Vertriebs im B2B- wie im B2C-Segment so nachhaltig verändert wie noch nie in der Moderne, haben wir in den vorherigen Kapiteln schon besprochen:

- Erstens: das überall verfügbare mobile Internet.
- Zweitens: das durch die Social-Media-Plattformen geänderte Sozial- und Kommunikationsverhalten auf Kundenseite.
- Drittens: das automatisierte Zusammenführen der freiwillig abgegebenen Konsumentendaten bis hin zum Geotagging.
- Viertens: der Kunde 3.0 selbst – der Mensch, der als Einkäufer eines Unternehmens oder als privater Konsument besser informiert seine Kaufentscheidungen trifft.

Und wie alle Megatrends greifen auch diese vier ineinander und verstärken sich. Wohin führt dies? Eine Antwort darauf versucht Mark Zuckerberg, Gründer des Social Networks Facebook: »In fünf Jahren wird jeder Industriezweig durch Social Media verändert sein. Man kann ganze Branchen umgestalten. Das ist eine große Sache« – diese Vision äußerte er in einem Interview mit der Financial Times Deutschland am 13.12.2010. Zu einem Zeitpunkt, als bereits 500 Millionen Menschen weltweit (jetzt sind es 625 Millionen) die wohl bekannteste Internet-Plattform nutzten. Sein Traum: Alles soll über Facebook vernetzt sein, das private Leben ebenso wie das geschäftliche.

Denn darum geht es Zuckerberg durchaus: Um den Vertrieb im Web 2.0, das Schaffen von Angeboten, um neue Vertriebskanäle für bewährte und neue Produkte. In dem Interview wies Zuckerberg darauf hin, dass alle Beteiligten vom Facebook-Erfolg profitieren: die registrierten User, weil sie am Leben ihrer Freunde leichter teilhaben können, und eben die Unternehmen, die so viel einfacher an Daten herankommen. Dabei geht Zuckerberg davon aus, dass die Menschen nichts dagegen haben. In seinen Augen sind die Menschen offener geworden, eher bereit, ihr Leben – und damit ihre Daten – mit anderen zu teilen.

Marketing- und Vertriebsaktivitäten über das Web 2.0: Für Unternehmen bald eine Selbstverständlichkeit? Oder nur der Traum einiger weniger? Tatsächlich scheinen die Möglichkeiten, die das Web 2.0 aufgeweckten Vertriebsmitarbeitern bietet, schier unendlich. Ganz gleich, ob B2C oder B2B: Der Kunde 3.0 ist immer da, immer ansprechbar. Schöne neue Welt? Nein: Eher Wunschtraum der Unternehmen. Denn selbst wenn Zuckerberg sein Ziel erreicht und sich noch mehr Unternehmen mit seinem Social Network vernetzen, noch mehr Dienstleister ihre Angebote auf Facebook anbieten: Irgendwann schaltet der Kunde 3.0 ab. Denn so gern er derzeit neue Angebote ausprobiert und offen ist für die Ansprache im Web 2.0 – auf Dauer lassen die Achtsamkeit, die Wachsamkeit, die Erreichbarkeit nach, und irgendwann lässt auch der Spieltrieb nach.

Die Welt nach dem Hype 2.0 Genau das treibt den Kunden momentan noch an, wenn er Facebook, aber auch Angebote wie Foursquare, Twitter oder Google Goggles oder Recognizr nutzt: die Neugier darauf, was heute möglich ist. Wie weit jeder Einzelne von uns von diesen Möglichkeiten profitieren kann. Geschäftlich und privat. Als Kunde und als Anbieter. So gesehen befinden wir uns gerade am Anfang einer Entwicklung, die uns allen viele Möglichkeiten öffnet. Die Frage ist nun, wie Sie diese Megawelle sinnvoll und nachhaltig nutzen können. Welchen Mehrwert bieten Sie Ihrem Kunden, damit er auch morgen noch Ihre Facebook-Seite besucht, Ihre Tweets liest? Mit welcher Strategie sind Sie auch dann noch dabei, wenn Ihr Kunde sich gelangweilt von anderen Produkten und Angeboten wegdreht? Was also kommt NACH dem, was wir heute unter Social Media im Web 2.0 verstehen?

Mögliche Trends mit »Vertriebsauswirkung«

Tatsächlich gibt es sie, die Trends, von denen Ihr Vertrieb profitieren kann. Bei denen Sie heute noch Vorreiter sein können. Vier davon möchte ich Ihnen vorstellen:

1. Vom Casual Web zur »Augmented Retaility«

Kunden sind heute bereit, sehr viele persönliche, ja intime Informationen über sich preiszugeben. Sie hinterlassen bei allem Konfigurieren, Adaptieren, Bewerten, Liken, Empfehlen und Kommentieren präzise Persönlichkeitsprofile, die sie auch noch mit weiteren Daten verknüpfen. Beispielsweise, indem sie ihren Aufenthaltsort angeben (»Geotagging«, »Geolocating«). Diesen Trend können Sie nutzen – denn diese Kunden wollen angesprochen werden. Mit Angeboten, die zu ihnen passen. »Augmented Retaility« nennt trendbüro. com die Verkaufsmöglichkeiten, die daraus entstehen: »genau für mich + genau jetzt + genau hier.« Im Einzelhandel betreibt Adidas bereits heute in Paris einen Shop, in dem mithilfe des »magic mirrors« Kunden vor dem Spiegel durch bloßes Berühren der Glasfläche die Möglichkeit geboten wird, die Schuhe farblich und von der Ausstattung her zu

---

HINTERGRUND: Casual Web

Lange Zeit wurde das Internet vor allem im privaten Bereich überwiegend zur Unterhaltung genutzt. Man chattete oder tauschte sich über Facebook mit Freunden aus. Nun geht der Trend zum Casual Web. Dieses bietet den Usern konkreten Nutzen und Mehrwert im Sinne von relevanten Informationen. Mithilfe von Voreinstellungen informiert sich der Anwender gezielt über Orte, Dienste, Produkte und anderes.

variieren. Und das dreidimensional, ganz ohne die üblichen »Stubenfliegen-Brillen«. Mit Oberbekleidung laufen schon erste Tests.

2. Von 2-D zu 3-D zu Multisense

Gekauft wie gesehen? Wohl kaum: Der menschliche Sinn »Sehen« hat den geringsten Einfluss auf die Kaufentscheidung. Anders der Geschmacks- und der Geruchssinn. Sie beeinflussen viel eher das Ja oder Nein zum Kauf, so eine Studie von Millward Brown.

⇨ http://www.research-results.de/fachartikel/2005/ausgabe4/ mit-allen-sinnen.html

Multisensorisches Marketing beeinflusst aber auch unsere Loyalität zu einer Marke. Kann ein Kunde sich an lediglich einen Sinneseindruck bei einer Marke erinnern, liegt die Markentreue unter 30 Prozent. Je mehr Sinne angesprochen werden, umso höher die Loyalität: Erinnert sich ein Kunde an vier bis fünf unterschiedliche Sinneseindrücke, liegt die Markentreue bei 60 Prozent. In der Multisensorik liegen noch große Absatzpotenziale. Dafür zeigen die Marketingberater Gierke und Nölke im »1 x 1 des multisensorischen Marketings« viele Beispiele. Und aus dem (Vertriebs-)Training wissen wir, dass der Mensch mit dem ganzen Körper lernt und sich umso besser erinnert, umso mehr in die Praxis umsetzt, je mehr Emotionen im Spiel sind.

3. Aus dem Internet wird das Outernet

Das Internet verlässt den Computer

Wir erleben einen dramatischen Wandel: Die Welt wird zur Website. Alles bekommt eine URL, das Internet verlässt den Computer – so die Überzeugung des Zukunftsforschers Sven Janszky. Und tatsächlich wird bereits jetzt heftig am »Internet der Dinge« gearbeitet. Ziel ist die total vernetzte Wirtschaft, in der Maschinen aller Art im Bereich des »Pervasive Computing« ständig miteinander kommunizieren. Durch diese ständige Kommunikation werden Geschäftsprozesse und allgemeine Lebensbereiche durchdrungen und eine Vielzahl an Daten wird gewonnen. Diese können Sie für Ihren Vertrieb, Ihr Geschäft verwenden. Welche Chancen diese Entwicklung bringt, drückt das Managermagazin in Heft 2/2011 so aus: *»Aus der Verknüpfung von analoger und digitaler Welt werde eine lang anhaltende Wachstumsphase entstehen – womöglich ebenso folgenreich wie einst die Entdeckung der Elektrizität oder die Erfindung des Verbrennungsmotors.«* Experten sehen darin eine *Basisinnovation*, die Geschäftsmodelle grundlegend verändern wird!

In einer Welt, in der sich öffentliche Autos – denn Privatautos braucht aufgrund 100 Prozent getimter öffentlicher Mobilität wirklich niemand mehr – selbstständig bei Leitsystemen anmelden, wo die Maut abgebucht wird, in der sich Elektroautos ihren Stellplatz im Parkhaus selbst reservieren und es beim Einkauf im zugehörigen Shoppingcenter als Bonus ab 100 Euro eine Batterieladung kostenfrei obendrauf gibt, finden Verkauf und Vertrieb auf ganz anderer Ebene statt: Vertrieb findet unter den Playern statt, die sich zu vernetzten Konsortien zusammenfinden – die anderen sind außen vor. Verkauf beginnt automatisiert da, wo Menschen sich in dieses »Internet der Dinge« einordnen, also eine der vielen vernetzten Leistungen nutzen. Damit ändern sich die Machtverhältnisse von Angebot und Nachfrage dramatisch!

4. Technologische Retro- und menschliche Werte-Bewegung

Wird unser Leben also künftig von technischen Möglichkeiten bestimmt? Sind die Menschen unmündig und zu eigenen Entscheidungen unfähig, weil Maschinen und Produkte sich über ihre Köpfe hinwegsetzen? Wird der Kunde durch ständige Werbebotschaften und multisensorisches Marketing in Versuchung geführt? Nein, ganz ehrlich: Kaum jemand möchte wirklich bei seiner Shopping-Tour alle zwei Minuten ein neues Schnäppchen-Angebot auf seinem Smartphone angezeigt bekommen. Nur sehr wenige Menschen haben Lust darauf, ständig und überall »gefunden« zu werden. Irgendwann wird vielen klar werden, dass sie eigentlich nicht mehr so viele Informationen über sich preisgeben wollen, dass jeder Vertriebsmitarbeiter ein genaues Persönlichkeits-, Wunsch- und Kundenprofil von ihnen erstellen kann. Und ihnen daraufhin maßgeschneiderte Angebote erstellt: Beispielsweise Städtetouren für Musikliebhaber, Versicherungsprodukte für Hobbyrennfahrer oder die zusätzliche Dentalversicherung für begeisterte Kunden von Süßwarenabteilungen.

Datenschutz muss wieder Mega-thema werden

Diese passgenauen Angebote sind schon heute möglich. Und sie werden auch umgesetzt. Allerdings widerspricht es dem Lebensgefühl des Kunden 3.0, dass Unternehmen einen solchen Zugriff auf sein Leben haben. Selbst wenn er solche Daten zurzeit gerne öffentlich ins Internet stellt: Die Kritik an fehlendem Datenschutz in Social Networks wächst. Der Kunde 3.0 möchte selbst darüber bestimmen, wer welche Informationen über ihn hat. Wann wer nachvollziehen kann, wo er sich bewegt, was er gerade macht, welche Themen er gerade verfolgt. Deshalb rechne ich fest damit, dass die persönlichen Einstellungen in Social Networks wie Facebook, LinkedIn, XING und Co. künftig noch feiner justiert werden können. Dass Leserechte für Beiträge in Foren und Gruppen, aber auch auf Pinnwänden in verschiedenen Abstufungen vergeben werden. Dass sich Menschen langfristig wieder mehr in geschlossenen Gruppen austauschen und nur einen Teil der Informationen allen »Freunden« öffentlich zugänglich machen werden. Bereits heute rebellieren die Nutzer der sozialen Netzwerke dagegen, dass andere Programme automatisch Zugriff auf ihr Profil bekommen sollen, dass persönliche Daten nicht ausreichend vor Dritten geschützt werden.

Keine Zukunft ohne Nutzwert

Diese Entwicklung zeigt sich auch in der steigenden Erwartung der User von mehr Nutzwert – für den Teilnehmer selbst, aber auch für seine Freunde und Follower. Denn Twitter, Facebook und andere Plattformen sind Zeitfresser. Null-Nachrichten nerven. Sie hindern daran, effizient zu arbeiten. Sie verstopfen die Informationskanäle und lenken von den eigentlichen Aufgaben ab. Angebote wie Brizzly, mit denen sich mehrere Twitter-Accounts und Facebook von einer Stelle aus bedienen lassen, helfen hier nur bedingt weiter. Der Trend geht deshalb weg von der ständigen Erreichbarkeit, dem immerwährenden Informationsaustausch, hin zum Casual Web.

Weg von der Immer-Erreichbarkeit

Dabei wird der Kunde 3.0 kritischer und selbstbestimmter. Er wird zum Kunden 4.0, der gezielt darüber entscheidet, welches Unternehmen ihm Angebote unterbreiten darf und wann und auf welchem Wege er diese Offerten haben möchte. Und wann er schlicht und ergreifend »abtaucht«, für niemanden erreichbar ist, wann sein Handeln nicht nachvollziehbar ist.

Erste Anbieter virtueller Dienste haben dies erkannt. Beispiel Skype: Der Dienst für Internettelefonie reagiert auf die Abwesenheit des Users am Computer, indem er anderen Teilnehmern die Nichterreichbarkeit anzeigt. Wird der Rechner wieder aktiv genutzt, ändert sich der Status automatisch.

Nähebasiertes Networking im B2B

Wer seinen Kunden einen erkennbaren Mehrwert bietet, ist auf der Seite der Gewinner. So wie Groupon. Auf Facebook oder der Website www.groupon.de können registrierte Kunden gezielt Gutscheine kaufen und damit Kino, Wellness

oder das Drei-Gänge-Menü in ihrer Stadt bis zu 70 Prozent günstiger genießen. Oder sich ein schickes Oberteil preiswerter kaufen. Dabei gilt: Der Deal kommt nur zustande, wenn genügend Käufer mitmachen. Der Erfolg: über 200 000 Facebook-Fans (Stand: Juni 2011) – und ein Hype-mäßiger Börsengang.

Sinnvolle Messevorbereitung

Groupon setzt auf Community, auf eine soziale Gemeinschaft und auf Zusammengehörigkeitsgefühl. Anders, aber nicht weniger spannend wird es, wenn auch Check-in-Dienste diese Zusammengehörigkeit nutzen. Und zwar im beruflichen Umfeld. Bernhard Jodeleit, Leiter der Stuttgarter Niederlassung der Agentur fischerAppelt, weist in seinem Buch »Social Media Relations« beispielsweise auf Tools hin, die die Messeplanung via Smartphone ermöglichen. Seine Idee: Nähebasiertes Social Networking, ergänzt durch eine In-Hallen-Navigation. Dazu definieren die User im Vorfeld der Messe ihr Interessenprofil und lassen sich dann die Gesprächspartner anzeigen, die dazu entsprechende Angebote haben oder sich auf einen Austausch freuen. So werden sie dann von Gesprächspartner zu Gesprächspartner geleitet. Stellen Sie sich einmal vor, wie viel Zeit Sie damit sparen, wie viele neue, interessante Kontakte Sie knüpfen können. Mit Gesprächspartnern, die sonst in der Masse untergegangen wären!

Reisedaten mit anderen abgleichen

Oder Sie nutzen Ihre Geschäftsreise, indem Sie beispielsweise bereits während des Flugs Gesprächstermine vereinbaren. Alles, was Sie dazu brauchen, ist die Information, ob ein für Sie relevanter Gesprächspartner im gleichen Flieger sitzt oder im selben Hotel eingecheckt hat. Und dies mit möglichst wenig Aufwand und ohne überall in der Welt zu verbreiten, wohin man selbst gerade reist. Möglich macht dies der webbasierte Dienst Dopplr. Dieser gleicht automatisch die eigenen Geschäftsreiseziele und Aufenthalte mit denen anderer Personen ab. Aber nur, soweit der User dies wünscht. Dieser kann ganz genau einstellen, mit wem die nächste Geschäftsreise abgeglichen werden soll und wer im Gegenzug schauen darf, wo man sich selbst gerade aufhält und welche Reisen man plant.

Auch hier gilt ein Plus an Selbstbestimmung, an der Wahrung der Informationshoheit. Und an dem Anspruch nach Mehrwert, nach einem konkreten Nutzen durch die Verwendung des Tools.

Die Zukunft: Casual Web

Die Welt dreht sich nicht zurück. Angebote wie Facebook Places, Augmented Reality oder Location Based Services werden bleiben. Sie werden massentauglich. Und sie werden gleichzeitig den Nimbus des Neuen verlieren: vom Faszinosum zum Neutrum. Wer heute noch zu den »Early Birds« zählt, wird sich morgen von allen überflüssigen Angeboten abwenden. Wenn Sie also morgen noch zu den Gewinnern zählen möchten, sollten Sie bereits heute auf den Zusatznutzen für Ihren Kunden achten.

CHECKLISTE: So positionieren Sie sich im Web 2.0 über das Heute hinaus

Verschaffen Sie sich selbst einen Informationsvorsprung, ❏
indem Sie sich auf die News konzentrieren, die wirklich wichtig für Sie, Ihr Unternehmen, Ihren Vertrieb sind. Vermeiden Sie zeitfressendes Herumgeklicke in Accounts und Timelines, sondern fokussieren Sie auf individualisierbare Newsfeeds wie beispielsweise Google Reader (www.google.de/reader). Über solche Angebote können Sie alle für Sie relevanten Nachrichten und Blogs, also »Content«, zentral abrufen und nutzen.

Prüfen Sie alle sozialen Netzwerke und Online-Plattformen
in regelmäßigen Zeitabständen auf ihre Relevanz für Ihr
Produktangebot und die von Ihnen bevorzugte Zielgruppe.
Beispiel: Verstärkt sich der Trend zu eigenen Plattformen
für die Generationen 50+ beziehungsweise 60/90, ist Pro-
duktwerbung für diese Zielgruppe auf Facebook nicht länger
sinnvoll, sondern der Wechsel auf die Zielgruppen- oder
Interessensgruppen-Plattformen.

Planen Sie Ihre Social-Network-Aktivitäten. Legen Sie
Themen fest, die für die Zielgruppe interessant sind. Nutzen
Sie Suchmaschinen wie Google Insights for Search, um zu
analysieren, welche Themen zurzeit besonders gefragt sind.
Passen Sie Ihre Einträge dementsprechend an.

Überprüfen Sie regelmäßig die Relevanz Ihrer Social-Network-Aktivitäten für Ihre (potenziellen) Kunden. Dienste wie
Klout.com helfen Ihnen dabei. Klout.com errechnet etwa, wie
einflussreich ein Twitter-Account ist.

Weniger ist mehr. Je öfter Sie sich mit sinn- und nutzlosen
Beiträgen in den Vordergrund schummeln, umso schneller
verlieren Sie Freunde und Follower. Überlegen Sie deshalb
vorher, ob Ihre Äußerungen Interessenten finden könnten
oder ob es Ihnen nur darum geht, endlich wieder etwas zu
posten. Wenn es so ist: Lassen Sie es bleiben!

Bieten Sie Mehrwert. Der Trend geht zum Casual Web.
Nutzen Sie dieses Wissen, um sich schon heute als Anbieter
mit Mehrwert zu positionieren. Findet dann in naher Zukunft
das große Aussortieren statt, werden Ihre Postings weiterhin
gelesen.

Neue Verantwortung für den Vertrieb

Ich meine, die vier oben beschriebenen Metatrends (siehe Kapitel 5) bieten nicht nur unbestreitbar enorme Chancen für den Vertrieb 3.0 – sie bedeuten auch Verantwortung für uns im Vertrieb. Sie fordern unsere Werteorientierung heraus: Werte wie Vertrauenswürdigkeit, Respekt, Zuverlässigkeit, echte Menschlichkeit zählen. Ich gehe so weit zu sagen, dass wir uns selbst Grenzen setzen müssen: nicht alles, was mit diesen Datenmengen im Vertrieb machbar ist, muss auch gemacht werden!

Verzweifelt gesucht: Vertrauenswürdigkeit und Orientierung. **Orientierung** Die zunehmende Komplexität globaler Warenströme, die Ka- **gesucht** kofonie einander widersprechender Bewertungen und Diskussionspfade auf den Internetplattformen – manche lobbygetrieben oder gefaked, manche ehrlich und transparent – und die neue Werteorientierung erhöhen massiv die Unsicherheit bei Privat- und Geschäftskunden. Wann ist die Entscheidung für ein Produkt richtig, wenn der Preis heute nicht mehr der Entscheidungstreiber ist? Hier ist Vertrauenswürdigkeit gefragt: Vertrauenswürdigkeit des Unternehmens, das sich eine ausgezeichnete Reputation erarbeitet hat. Vertrauenswürdigkeit der Vertriebsmitarbeiter, die auch Berater sein müssen. Des Verkäufers, der sein Produkt und die Marke kennt und ebenso den Kunden 3.0 mitsamt seinen Ansprüchen.

Es ist müßig, in diesem Buch über die atemberaubenden Wachstumserfolge der Social-Media-Plattformen zu referieren – Sie haben die Welt im Auge und verfolgen dies Tag für Tag, während Sie dieses Buch lesen. Wer heute Internet sagt, sagt gleichbedeutend Facebook. Noch.

Vielleicht zeigt ein Rückgang der aktiven US-amerikanischen Facebook-Accounts im Frühjahr 2011 um rund sechs Millionen schon eine Übersättigung und eine Konsolidierung an. Vielleicht suchen die Vielnutzer schon nach neuen Ausdrucks- und Kommunikationsmöglichkeiten. Dann wird morgen vielleicht eine andere Plattform diesen Bedürfnissen gerecht werden und die Menschen verbinden. Denn dieses Rad an sich ist nicht mehr zurückzudrehen. Es geht in sozialen Netzwerken nicht mehr um ja oder nein, sondern nur darum, wie Sie dies für sich und Ihre Kunden einsetzen können. Zu Ihrem eigenen Vorteil. Und das ist gut so! Der Kunde 3.0 ist emanzipiert. Liken, Sharen, Followen und Bewerten wie auch Empfehlen sind ihm zur Natur geworden.

Die nächsten Technologietrends zeichnen sich bereits ab: »Software as a Service«, »Mietsoftware« – und alle Daten wandern in die »Cloud«. Auch Privatkonsumenten werden immer stärker ihre relevanten Daten in der sogenannten »Wolke«, in zentralen Serversystemen, ablegen. Schauen wir in den nächsten Jahren, was das für Kommunikation, Vernetzung, Datennutzung, Werbung und Konsum bedeuten wird!

Hinter dem Hype Die heutigen Metatrends werden in einigen Jahren zumindest in den industrialisierten Staaten üblicher Bestandteil des Kundenlebens und der Unternehmenskultur geworden sein. Nichts Aufregendes mehr, nichts Neues mehr. Hintergrundrauschen, Normalität. Aber das Netz wird eine neue Qualität haben, eine neue Grundlage: Identifizierte, authentifizierte Accounts werden zählen. Nicht mehr »Hänschenklein1978« oder »freakyfred« werden analysieren und bewerten, sondern Wolfgang Maier, Köln, und Freddy Roth, Los Angeles. Denen wird man glauben.

Google+ = mehr Authenzität im Web? Nicht zuletzt wird dies mit der weitergehenden Authentifizierung über Facebook, XING oder andere Plattformen einhergehen. Google+ etwa legt von Anfang an größten Wert auf authentische Accounts. Wenn jeder in jedem Foto getaggt, via Gesichtserkennung erkannt wird, sein ganzes Leben über die sozialen Plattformen organisiert, dann wird der authentifizierte, auf allen Plattformen erkennbare Account unser Alter Ego sein. Und dann werden wir alle normaler, aber auch verantwortungsbewusster damit umgehen. Damit wird das Netz wieder persönlicher werden. Mit der Normalität, die der Kunde 3.0 in Bezug auf Social Media empfindet, wird auch ein gewisser Retro-Trend sich einstellen. So, wie heute in »elitären Kreisen« wieder Vinyl gehört wird und es schick ist, sich riesige Kopfhörer umzuhängen, wo es doch Mini-Knöpfchen mit Maxi-Sound gibt, so wird es auch schick sein, sich wieder »alten Gewohnheiten« hinzugeben: Das gute alte Gespräch kehrt zurück – mit und ohne Kamin. Das ist der wahre menschliche Austausch. Der einfache Wunsch nach Nicht-Erreichbarkeit wird, als Luxus empfunden, größer werden, wird sich etablieren. Schöne Aussichten, oder?

Vertrieb 4.0: Retro-Kultur des persönlichen Gesprächs

Deshalb sollten Sie das Web 2.0 vor allem praktisch sehen. Als Werkzeug. Es ist kein Allheilmittel, keine Umsatzgarantie. Es ist ein ergänzendes Hilfsmittel für Ihre Kundenansprache. Denn der Kunde von morgen wird sich auf das persönliche Beratungsgespräch besinnen. Geschäfte wurden und werden mit Menschen für Menschen gemacht. Natürlich wird der Kunde der Zukunft weiterhin Informationen über das Web einholen. Er wird auf Facebook und in anderen Netzwerken aktiv recherchieren, durch »Gefällt mir«-Buttons Farbe bekennen, Augmented-Reality-Angebote nutzen. Und all das wird er sehr viel kritischer tun. Mit reduziertem Zeiteinsatz. Und um Hintergrundinformationen über Produkte und Dienstleistungen zu sammeln, die er hinterfragt. Die er im persönlichen Gespräch ergänzen will. Kurz: Das Web dient dem Kunden als Informationsplattform. Spätestens bei wichtigen Themen wie Vorsorge oder beim Kauf höherwertiger Produkte fällt die Entscheidung Face to Face, im

Verkauft wird von Mensch zu Mensch

persönlichen Gespräch, in dem auf Detailfragen eingegangen wird. Bei einer guten Tasse Kaffee. Oder klassisch auf dem Golfplatz. Beides ist willkommen.

Neu daran ist, dass virtuelle Communitys sich verstärkt im realen Leben fortsetzen. Dass Menschen, die wir online kennenlernen, offline an Bedeutung gewinnen. Privat wie geschäftlich. Was bedeutet dies für den Vertrieb 4.0? Sie haben es in der Hand, soziale Netzwerke und Business-Plattformen zu nutzen, um mit Ihren bestehenden und potenziellen Kunden ins Gespräch zu kommen. Um ihnen maßgeschneiderte Angebote zu unterbreiten. Das Web 2.0 unterstützt Sie dabei. Es ist Mittel zum Zweck. Und in dieser Hinsicht ist es besonders hilfreich. Denn es sammelt zahlreiche Informationen über Ihren (potenziellen) Kunden, die Ihnen – mit etwas Rechercheroutine – einen Startvorteil geben, von denen jeder Vertriebsmitarbeiter vor wenigen Jahren nur träumen konnte.

Nun liegt es an Ihnen, diesen Vorteil optimal zu nutzen. Folgende Vertriebsstrategien können Ihnen dabei helfen:

PRAXISTIPPS: Vertriebsstrategien für den Kunden 4.0

1. Strategie: Den Kunden zum Partner machen

Wer morgen am Markt bestehen will, braucht heute loyale Kunden. Und diese gewinnen Sie nicht durch einen Informations-Overkill. Oder mit regelmäßigen Schnäppchenangeboten. Sondern, indem Sie Ihre Kunden respektieren und achten. Dann gewinnen beide Seiten. Denn für »ihre Marke«, »ihr Produkt« investieren Kunden gerne Zeit. Nutzen Sie diese Bereitschaft für Ihre weitere Entwicklung, für die Optimierung Ihres Angebots. Im Web 2.0 – durch Diskussionen in Foren, geschlossenen Gruppen oder offen auf der Facebook-Site Ihres Unternehmens.

Achten Sie darauf, den Dialog auf verschiedenen Kanälen fortzuführen. Denn bei allen technischen Möglichkeiten – der Kunde 4.0 nutzt seine Online-Zeit bewusst. Er schaltet das Handy und den Rechner gezielt aus. Er setzt Online-Bekanntschaften im realen Leben fort. Und er wendet sich schnell ab, wenn er sich ausgenutzt fühlt. Bleiben Sie daher im Gespräch. Wenden Sie sich nicht vom Kunden ab, wenn Sie (scheinbar) die Information haben, die Sie wollten. Partnerschaft beruht auf Nachhaltigkeit, auf einer langfristigen Strategie, nicht auf einer Ex-und-hopp-Kommunikation.

2. Strategie: Dem Kunden einen erkennbaren Nutzen bieten

Gerade weil der Kunde 4.0 kritischer wird, bewusst entscheidet, wofür er seine Zeit und sein Geld investiert, ist Mehrwert stärker als je zuvor gefragt. Dabei gilt: Was immer wir tun, um dem Kunden zu größerem Erfolg zu verhelfen, zahlt sich für uns in bar aus. Davon ist Jack Welch, Ex-CEO von General Electric, überzeugt. Demnach kann kein Unternehmen seinen Mitarbeitern eine Arbeitsplatzgarantie ausstellen. Das können nur Kunden. Denn sie sind die Geldgeber, die eigentlichen Chefs. Sie bringen das Geld in die Unternehmen. Allein deshalb müssten sich alle Mitarbeiter in den Wettbewerb einbringen. Geht es nach Jack Welch, streben wir ein Unternehmen an, das einzig und allein darauf ausgerichtet ist, dem Kunden zu dienen. Ein Unternehmen, in dem jeder die Faszination des Gewinnens spürt und dafür seinen Lohn empfängt, an Seele und Brieftasche.

Ähnlich argumentiert Reinfried Pohl, Chef der DVAG, in seinem Buch »Ich habe Finanzgeschichte geschrieben«. Für ihn geht es hauptsächlich um Vertrauen. Dies sei der Nutzen, den ein Unternehmen dem Kunden zukommen lassen soll. Der Kunde muss auf die Empfehlungen und die Kompetenz seines Beraters vertrauen können. Erst, wenn das Vertrauen da ist, sind wir bereit, uns mit dem Angebot als solchem zu beschäftigen. Und kein Kunde fasst Vertrauen, wenn er merkt: Ich spreche hier mit jemandem, der sich lediglich für den Abschluss einer Versicherung interessiert. Ohne dieses Vertrauen fühlt sich der Kunde 4.0 nicht in seinen Werten, seinen Überzeugungen bestätigt. Er wendet sich ab und wählt einen anderen Anbieter.

3. Strategie: Wandel und stetige Verbesserung anstreben

Auf diesen Ansatz bin ich bereits eingegangen. Er hat Gültigkeit für den Kunden 3.0, aber auch für den Kunden 4.0. Denn auch dieser erwartet, dass sich Unternehmen und ihre Produkte weiterentwickeln, sich seinen Bedürfnissen anpassen – und manchmal vielleicht sogar seinen Wünschen einen Schritt voraus sind.

4. Strategie: Sich auf seine Stärken konzentrieren

Jedes Unternehmen, jeder Dienstleister hat seine eigenen Stärken. Diese gilt es zu erkennen und auszubauen. Gerne zusammen mit den Kunden (siehe Strategie Nummer eins). Und natürlich als Ergebnis ständiger Verbesserung (siehe Strategie Nummer drei). Denn auch wenn wir es uns wünschen – und es uns die Marketingstrategen der Unternehmen immer wieder weismachen wollen: Niemand ist perfekt. Kein Mensch, kein Unternehmen, kein Produkt. Aber: Wenn wir uns auf die Stärken konzentrieren, können wir die Nummer eins werden.

Anders ausgedrückt: Erfolgreich ist nicht, wer viele mittelmäßige Produkte für eine große Zielgruppe anbietet, sondern derjenige, der eine Sache richtig gut macht.

5. Strategie: Virtuelle und reale Welt miteinander verbinden

Werfen Sie die Schere in Ihrem Kopf weg, die die reale und die virtuelle Welt voneinander trennt. Beide Realitäten werden zu einer Gesamtwelt, in der Sie täglich mehrmals die Grenzen überschreiten – dank Augmented Reality und Location Based Services vielleicht sogar, ohne dies bewusst wahrzunehmen. Versuchen Sie die reale Welt für die virtuelle zu öffnen – und umgekehrt. Dies bietet Ihnen eine größere Flexibilität bei der Kundenansprache und mehr Erfolg bei Ihren Vertriebsaktivitäten.

Auch künftig wird die Loyalität Ihrer Kunden ein wichtiger Aspekt Ihres Unternehmenserfolgs sein. Und diese werden Sie nur dann gewinnen können, wenn Ihre Kunden mehr als zufrieden sind. Denn unzufriedene Kunden sind wechselbereit, suchen nach Neuem. Werden sie nach Empfehlungen gefragt, antworten sie ausweichend: »Nicht gut, nicht schlecht« etwa. Oder »Ganz okay«. Aber nicht »Klasse«; »Kann ich nur empfehlen.« Und schon gar nicht werden sie auf den Gedanken kommen, Sie von alleine weiterzuempfehlen.

Dabei brauchen Sie genau solche Kunden. Menschen, die begeistert sind. Die sich auf Ihr nächstes Posting, Ihre Mail, Ihren Anruf und Ihren Besuch freuen. Die Sie als Partner ansehen, der sie persönlich kennt, versteht – und weiterbringt. Als Partner, der sich den »Kopf des Kunden zerbricht«, damit dieser vorankommt. Der Kundenorientierung ernst nimmt – heute und morgen.

Begeisterung: Auch 2020 Erfolgsgarant für Ihren Vertrieb

Die technischen Möglichkeiten entwickeln sich rasant weiter. Die Anforderungen der Kunden an eine individuelle Betreuung und optimal angepasste Produkte allerdings auch. Das Web 2.0 ist ein wesentlicher Bestandteil des heutigen Vertriebserfolgs. Es bleibt jedoch keine Zeit, um sich auszuruhen. Denn der Kunde 4.0 steht bereits in den Startlöchern.

Und das heißt für Sie im Vertrieb konkret:

1. Entwickeln Sie Social-Media-Angebote, die Ihren Kunden Nutzwert bringen und bei Bedarf leicht aktiviert beziehungsweise deaktiviert werden können. Dabei kann der Nutzen sich sowohl auf »Vertrauen zum Anbieter« beziehen als auch auf ein Plus an Produktinformationen.

2. Planen und realisieren Sie Ihre Präsenz in Social Networks strategisch. Achten Sie auf aktuelle Themen und die Häufigkeit Ihrer Postings. Machen Sie neugierig, ohne den Kunden zu überfordern. Prüfen Sie alle Postings auf ihre Relevanz für den Kunden.

3. Die Welt der sozialen Netzwerke wächst. Auch wenn es Tools gibt, mit denen Sie Ihre Präsenz in mehreren Netzwerken gleichzeitig steuern können: Konzentrieren Sie sich auf wenige, für Sie relevante Plattformen. Überzeugen Sie hier. Begeistern Sie Ihre Kunden mit treffgenauen Beiträgen und Angeboten, mit Extra-Rabatten oder anderen Vergünstigungen.

4. Auch wenn online fast alles möglich ist: Das persönliche Gespräch gewinnt für den Kunden 4.0 wieder an Bedeutung. Achten Sie deshalb darauf, Online-Kontakte offline zu entwickeln und zu festigen. Laden Sie potenzielle Kunden aus sozialen Netzwerken zu einer individuellen Beratung ein. Erläutern Sie die Vorteile eines solchen Gesprächs: Persönliches Kennenlernen hilft, die »Chemie« zu testen, spezielle Details offener zu besprechen, Angebote besser anpassen zu können.

5. Nutzen Sie für Ihre Kundenansprache zusätzlich klassische Kommunikationskanäle wie Mailings, Flyer und anderes. Achten Sie stärker als bisher auf die Personalisierung, die Wertigkeit und die Emotionen, die Sie mit diesen Maßnahmen ausdrücken. Denn auch für den Kunden 4.0 gilt: Emotionalität geht immer vor Rationalität! Menschen sind und bleiben emotionale Wesen, die hin und wieder von ihrer Ratio darin unterbrochen werden.

»Vertrieb geht heute anders« heißt: Wir werden den Verkauf technisch »neu erfinden« mit immer neuen digitalen Möglichkeiten und wachsenden Absatzkanälen – und gleichzeitig unser Wertebewusstsein schärfen. Die technischen Chancen nutzen – und der menschlichen Herausforderung gerecht werden. Kommunikation findet erfolgreich dort statt, wo im Verkauf eine gemeinsame Gegenwart mit dem Kunden entstehen kann. Wo Vertrauen und Rapport die Grundlage für Interaktion schaffen. Das ist Voraussetzung. Das ist Bedingung. Dann wird gehandelt. Dann wird gekauft. Heute und morgen und übermorgen auch!

Mehr Informationen, aktuelle News, Unterlagen und Videos zum Kapitelschwerpunkt »Vertrieb geht heute anders ... und morgen?« finden Sie auf:

⇨ www.buhr-team.com

⇨ http://shop.buhr-team.com

⇨ www.vertrieb-geht-heute-anders.com

Keynote an die Leser – von Brian Tracy

Tipp: Sie finden dieses Nachwort in einer deutschen Übertragung auf der Website zum Buch: www.vertrieb-geht-heute-anders.com

Welcome to the »New Normal« in sales

Dear Reader,

The art and science of selling is changing faster today than ever before in human history.

Information and knowledge is doubling every two or three years, in almost every field. Technology is expanding and accelerating at a faster rate than ever before, making purchase decisions not only more complex but also more careful than in the past.

Competition for the customer Euro, business or personal, is greater, more intensive and more determined today than ever before.

With each of these three factors combining; information explosion, technology expansion and increased competition, you need every possible advantage working for you to become one of the top sales professionals in your field. Now, in this wonderful new book by Andreas Buhr, *»Vertrieb geht heute anders,«* you learn how to step on the accelerator of your own career and become one of the most effective sales professionals in your business.

Over the past 30 years, I have trained more than 2 million sales people in 58 countries. I have written and produced some of the most practical and popular sales programs in the world today.

My second language is German. When I read this powerful book by Andreas Buhr, I was both impressed and amazed at the helpful ideas and insights that he offers to help you sell more, sell faster and sell easier than you have ever done in the past.

Perhaps the most important success secret I have ever learned is the power of continuous learning. As you read this helpful book, you should not only think about these practical, proven ideas, but you should also take action on them immediately. As soon as you read something helpful, you should immediately try it out on your customers to prove to yourself how effective these new approaches can be in your career.

As you read and apply these excellent ideas and strategies, you will notice an immediate improvement in your sales results, and even more importantly, you will feel better and better about yourself and the exciting adventure of selling that you have embarked upon.

Brian Tracy

Lesen Sie Ihren motivierenden Brief mit dem Nachwort
von Brian Tracy in deutscher Übertragung auf:

⇨ www.vertrieb-geht-heute-anders.com

⇨ www.briantracy.com

Verzeichnis der verwendeten und weiterführenden Literatur

Bücher

Buhr, Andreas: *Agiere: Schritte zur Kraft des Handelns.* orell füssli, 2005

Buhr, Andreas: *Die Umsatz-Maschine. Wie Sie mit Vertriebs-Intelligenz® Umsätze steigern.* GABAL, 2006, 2. Auflage

Buhr, Andreas: *Machen statt Meckern Mit ©lean leadership zu mehr Erfolg in wirtschaftlich schwieriger Zeit.* go! Live-Verlag, 2009, 3. Auflage

Buhr, Andreas: *Vermittler trifft Kunde, Strategien für ein typgerechtes Verkaufsgespräch.* LexisNexis Deutschland, 2010

Buhr, Andreas: *Vertriebsintelligentes Recruiting: So werden Sie unwiderstehlich für neue Vertriebspartner.* In: Kleinhenz, Susanne (Hrsg.): *Erfolg-Reich-Sein in der Zukunft.* Edition live-academy, 2010, S. 256–266

Cialdini, Robert B.: *Die Psychologie des Überzeugens.* Verlag Hans Huber, Hogrefe AG, 2011

Gierke, Christiane: *Das ist ja´ne Marke! Beliebter, bekannter und erfolgreicher mit Persönlichkeitsmarketing®.* GABAL, 2010

Gierke, Christiane; Nölke, Stephan Vincent: *Das 1 x 1 des multisensorischen Marketings. Multisensorisches Branding: Marketing mit allen Sinnen. Unwiderstehlich. Unvergesslich. Umfassend.* EDITION comevis, 2011

Gitomer, Jeffrey: *Das kleine rote Buch für erfolgreiches Verkaufen: Großartige Prinzipien für geniale Verkäufer.* Redline, 2009

Häusel, Hans-Georg: *Emotional Boosting. Die hohe Kunst der Kaufverführung.* Haufe, 2010

Häusel, Hans-Georg: *Neuromarketing. Erkenntnisse der Hirnforschung für Markenführung, Werbung und Verkauf.* Haufe-Lexware, 2008

Janszky, Sven Gabor: *Vom Internet zum Outernet.* Whitepaper, 2010

Jodeleit, Bernhard: *Social Media Relations. Leitfaden für erfolgreiche PR-Strategien und Öffentlichkeitsarbeit im Web 2.0.* dpunkt.verlag, 2010

Labude, Christoph: *Wie entscheiden Kunden wirklich? Mit dem Wissen des Neuromarketings zu mehr Erfolg im Vertrieb.* Linde international, 2008

Lindstrom, Martin: *BRAND sense: Sensory Secrets behind the Stuff We Buy: Build Powerful Brands through Touch, Taste, Smell, Sight and Sound, Free Press.* revised/update, 2010

Mićić, Pero: *Die fünf ZukunftsBrillen: Chancen früher erkennen durch praktisches Zukunftsmanagement.* GABAL, 2007

Scheelen, Frank M.: *So gewinnen Sie jeden Kunden.* redline, Neuauflage, 2011

Scheier, Christian/Bayaas-Linke, Dirk / Schneider, Johannes: *Codes. Die geheime Sprache der Produkte.* Haufe-Lexware, 2010

Schwartz, Shalom H.: *Universals in the content and structure of values: Theoretical advances and empirical tests in 20 countries.* In: Zanna, M. (Ed.): Advances in experimental social psychology. Academic Press, New York 1992, S. 1–65

Seiwert, Lothar: *Noch mehr Zeit für das Wesentliche: Zeitmanagement neu entdecken.* Goldmann, 2009

Seiwert, Lothar J./Küstenmacher, Werner Tiki: *simplify your time: Einfach Zeit haben.* Campus, 2010

Simon, Hermann: *Die Wirtschaftstrends der Zukunft.* Campus, 2011

Taxis, Tim: *Heiß auf Kaltakquise: So vervielfachen Sie Ihre Erfolgsquote am Telefon.* Haufe, 2012, 2. Aufl.

Wickinghoff, Heinrich/Dietze, Ulrich: *Führung im Vertrieb. Mit der richtigen Führung zu besseren Vertriebsergebnissen.* GABAL Verlag, 2014

Simon, Hermann / Fassnacht, Martin: *Preismanagement: Strategie – Analyse – Entscheidung – Umsetzung.* Gabler, 3. Auflage, 2008

Tracy, Brian: *Thinking Big: Von der Vision zum Erfolg.* GABAL, 6. Auflage, 1998

Studien

Bain & Company: *Leading a Digical transformation, 2014*

Burson-Marsteller: *The Global Social Media Check-up 2010*; dokumentiert hier: http://www.burson-marsteller.com/press-release/only-about-one-half-of-latin-american-companies-have-a-presence-on-social-networks-study-finds/

Creative 360: *B2B Social Media in der Praxis (2010–2012), Highlights und Kernaussagen. Trends. Entwicklungen und Einblicke in B2B-Paxis,* Stuttgart, 2010

Franke, Nikolaus; Schreier, Martin; Kaiser, Ulrike: The »I designed it myself« effect in mass customization; forthcoming in: Management Science; dokumentiert auf: http://didattica.unibocconi.it/mypage/upload/94002_20090806_023433_I_DESIGNED_IT_MYSELF_MS.PDF

Institut für Marktorientierte Unternehmensführung: *Effektives Verhalten von Verkäufern im Kundenkontakt – Status quo und Erfolgsfaktoren,* 2009

Kearney, A. T. : *Customer Energy – The empowered consumer is revolutionizing customer relationships,* July 2007

KEYLENS Management Consultants in Zusammenarbeit mit dem Lehrstuhl für Innovatives Markenmanagement (LiM) der Universität Bremen: *Customer Centricity –*

Ergebnissteigerung durch Kundenorientierung, 2010

L2 Think Tank: *The Digital IQ Index, 2014*

Landor's 2011 trends forecast; dokumentiert hier: http://
landor.com/#!/talk/articlespublications/articles/landor%
E2%80%99s-2011-trends-forecast/

Oetting, Martin; Niesytto, Monika; Sievert, Jens; Dost, Flo-
rian: *Positive Mundpropaganda wirkt stärker als negative –
weil sie hängen bleibt!* trnd Forschung – Mundpropaganda
Monitor 01, München, September 2010; dokumentiert
hier: http://company.trnd.com/de/blog/positive-
mundpropaganda-negative

Otto Group / Google: *GO SMART 2012: ALWAYS-IN-TOUCH.
Studie zur Smartphone-Nutzung 2012*; dokumentiert hier:
http://www.ottogroup.com/fileadmin/pdf/go_smart.pdf

Otto Group Trendstudie 2009: *Die Zukunft des ethischen
Konsums*; dokumentiert hier: http://www.ottogroup.com/
uploads/media/Otto_Group_Trendstudie_2009_
Ethischer_Konsum.pdf

Pierre Audoin Consultants: *Omni-Channel Commerce in
Deutschland*, 2014

Schmäh, Maro: ESB Business School Reutlingen University / go! Akademie für Führung und Vertrieb AG:
Projektbericht: Forschungsprojekt VertriebsIntelligenz®,
2010

Trendbüro: *Augmented Reality: Wie mobiles Internet, Social
Media und Geolocation das Shopping verändern werden*,
2010 (http://peterwippermann.com/system/assets/assets/
52/original.pdf?1308815497

W&V Online / Brands & Values (2011): *Gesellschaftliche
Verantwortung von Werbungtreibenden*; dokumentiert hier:
http://www.wuv.de/nachrichten/unternehmen/
w_v_studie_wie_nachhaltigkeit_der_marke_nuetzt

YouGovPsychonomics AG: *Social Media im Finanzdienstleistungsmarkt*, Köln, 2010

Z_punkt GmbH The Foresight Company: *Die 20 wichtigsten
Megatrends*. Köln, 2008, www.z-punkt.de

Zeitschriften und Zeitungen

Auf allen Kanälen. TextilWirtschaft 19 / 11, S. 44

Dell eröffnet Akademie für Facebook. Handelsblatt,
18.11.2010, S. 29

Der Handel gewinnt im sozialen Netz Kunden. Handelsblatt,
18.11.2010, S. 28

Dworschak, Manfred: *Das Netz im Netz.* Der Spiegel
47 / 2010, S. 176 f.

Fasse, Markus / Höpner, Axel: *Der angestellte Selbstständige.*
Handelsblatt, Silvester 2010

Fehrenbach, Franz: *Vertrauen heißt, sich trauen.* Handelsblatt.
Silvester 2010, S. 20 f.

Froitzheim, Ulf J.: *Nette Bestercherli.* impulse, November
2010

»Generation Wir« stellt die Führungsfrage. Handelsblatt,
05.05.2011

Gerber, Roland: *Im Rausch des Tauschs.* w&v 46 / 2010,
S. 32 f.

Hattern, Frank: *Wachstum kommt von Wagen.* Handelsblatt,
Silvester 2010, S. 18 f.

Hofer, Joachim: *Die Fitness wird digital.* Handelsblatt,
13.11.2010

Höppner, Alex: *Verstädterung: Gutes Geschäft für die Industrie.*
Silvester 2010

Koenen, Jens: *Junge Führungskräfte »Generation Wir« stellt
die Führungsfrage.* Handelsblatt, 05.05.2011

Kolbow, Berti: *Wünsch' dir was: Online-Shopping für
Individualisten.* www.heise.de

Kutter, Susanne: *High Tech aus der Wildnis.* Wirtschaftswoche 10.01.2011, S. 70 ff.

Mai, Jochen / Mügnes, Christian / Rettig, Daniel:
Das zweite nternet. Wirtschaftswoche, 15.11.2010,
S. 84 ff.

Merkel zeigt Verständnis für Nokia-Boykott. www.spiegel.de,
2008

Richthofen, Dietrich von: *Das Sofa auf dem i-Phone*. acquisa, 11 / 2010

Schlösser, Martin: *Web 2.0 als Marketingkanal*. Creditreform, 1 / 2011, S. 47

Schneider, Mark Christian: *Autoindustrie tüftelt an digitalen Vertriebsformen*. Handelsblatt, 18.11.2010, S. 29

Schneider, M.C. / Schlautmann, C. / Kapalschinski, C.: *Das große Rätsel Facebook*. Handelsblatt, 18.11.2010, S. 28

Schrader, Christopher: *Verzicht bringt Profit*. www. sueddeutsche.de, 16.07.2010

Tenzer, Eva: *Warum wir kaufen, was wir kaufen*. Psychologie heute, Mai 2010, S. 38 ff.

Wenn die Dinge sprechen lernen. Die Vernetzung von physikalischer und virtueller Welt revolutioniert Wirtschaft und Gesellschaft. ManagerMagazin, Heft 2 / 2011, 84–88, S. 85

Zunke, Karsten: *Auf Augenhöhe*. acquisa, 12 / 2010

Internetseiten

www.absatzwirtschaft.de/content/crm/text/potenzielle-kaeufer-wurden-ignoriert;72745

www.adidas.com/de/micoach

www.areamobile.de/news/15220-cupidtino-dating-website-nur-fuer-apple-kunden

www.asymco.com/2011/06/10/getting-to-one-billion-itunes-users/

http://bauausschreibungen.info

www.bazonline.ch/digital/internet/Migros-baut-eigenes-Facebook/story/10710049?track

www.bestager.org/index.php?id=202

http://blogsearch.google.com

www.b2b-online-monitor.de

www.cash-online.de/berater/2010/ausbildung-was-der-nachwuchs-mitbringen-muss/34972

www.coke.de

www.computerwoche.de/wittes-welt/2352694/

www.deutschepost.de

www.dhl.de

http://didattica.unibocconi.it/mypage/upload/94002_
20090806_023433_I_DESIGNED_IT_MYSELF_MS.PDF

www.evertiq.de/news/9325 (ATV)

www.facebook.com/lufthansa

www.facebook.com/unserAller

www.facebook.com/skittles#!/skittles?v=app_1056898328
03145

www.focus.de/digital/internet/aufstand-auf-facebook-pril-
wettbewerb-ist-vorbei-der-protest-nicht_aid_629179.
html

www.fourscquare.com, https://de.foursquare.com/

www.hoppenstedt360.de

www.groupon.com, www.groupon.de

http://www.handelsblatt.com/finanzen/recht-steuern/
arbeitsrecht-wann-facebook-und-xing-den-job-kosten/
3812754.html

www.ibusiness.de/aktuell/db/241878mah.html

www.ihk-lueneburg.de

www.insidefacebook.com/

www.inside-handy.de/news/20729-android-market-
koennte-apples-app-store-in-2012-ueberholen

www.internetworld.de/Nachrichten/Medien/Medien-
Portale/Viertes-Quartal-2010-bei-Google-ausgezeichnet-
Umsatzwachstum-von-26-Prozent-53045.html

www.kundenkunde.de/2010/05/kundenservice-per-twitter-
teil-1-telekom-andere-positivbeispiele/

http://meedia.de/internet/warum-axel-springer-kaufda-
kauft/2011/03/02.html

www.mobilfunk-talk.de/news/32015-e-plus-2010-starkes-
kunden-und-umsatzwachstum/

www.onetoone.de/Meiller-Direct-Fiat-nutzt-CLIC2C-18652.
  html
www.perspektive-mittelstand.de/Beschwerdemanagement-
  Bei-Reklamationen-den-Kunden-begeistern-/
  management-wissen/1850.html
https://plus.google.com
http://www.research-results.de/fachartikel/2005/ausgabe4/
  mit-allen-sinnen.html
www.schunck.de
www.tchibo-ideas.de
www.tnt.de
www.wiwo.de/erfolg/trends/soziale-netzwerke-wie-
  unternehmen-auf-facebook-und-co-um-kunden-buhlen/
  5154680.html
www.wiwo.de/technik-wissen/galerien/welche-techniken-
  bis-2020-verschwinden-1501/6/kreditkarten.html
www.wuv.de/nachrichten/unternehmen/social_media_
  seife_dm_laesst_duschgel_auf_facebook_entwickeln
www5.azol.de/online-verlag//blaetterkatalog/3d/3D/
  blaetterkatalog/

Führung im Vertrieb.
7 Schritte zur einfachen Vertriebsführung

Das Handbuch mit Checklisten und Praxistipps für alle

- Vertriebsleiter, die einfache, nützliche Tools suchen
- Unternehmer, die ihren Vertrieb besser aufbauen wollen
- die Mitarbeiter-Verantwortung im Vertrieb übernehmen
- die Umsatz-Verantwortung tragen
- die einfach bessere Ergebnisse erzielen wollen

Buhr, Andreas: Führung im Vertrieb.
7 Schritte zur einfachen Vertriebsführung
Hardcover, gebunden, 2farbig
256 S., viele Grafiken/Formulare,
mit direkter kostenfreier Downloadmöglichkeit
IP Verlag, 2014
ISBN: 978-3-9812749-4-3
In Kürze auch als E-Book erhältlich

Machen statt meckern!

Top-Speaker und Unternehmer Andreas Buhr stellt in diesem Buch klar, wie wichtig Motivation und Werte wie Zuverlässigkeit, Authentizität und Nachhaltigkeit sind. Denn sie sind die Basis für wertvolle, saubere Führung.

Werte machen wert! Die lockere Schreibe und anschauliche Beispiele haben schon tausende Leser überzeugt – schon in der 5. Auflage ist es DAS Buch für Unternehmer, Manager und Vertriebsleiter, die nicht jammern, sondern was bewegen wollen.

Buhr, Andreas: **Machen statt meckern!**
Mit ©lean leadership zu mehr Erfolg in wirtschaftlich schwieriger Zeit.
Buch: go! LiveVerlag, 5. Aufl.
ISBN: 9783981216141

Innovative Themen und frische Impulse für Business, Erfolg & Leben

Sylvia Löhken
Intros und Extros
ISBN 978-3-86936-549-7
€ 24,90 (D) / € 25,60 (A)

Sháá Wasmund, Richard Newton
Nicht reden, machen!
ISBN 978-3-86936-551-0
€ 22,90 (D) / € 23,60 (A)

Anne M. Schüller
Das Touchpoint-Unternehmen
ISBN 978-3-86936-550-3
€ 29,90 (D) / € 30,80 (A)

Markus Väth
Cooldown
ISBN 978-3-86936-514-5
€ 19,90 (D) / € 20,50 (A)

Dominic Multerer
Marken müssen bewusst Regeln brechen, um anders zu sein
ISBN 978-3-86936-512-1
€ 24,90 (D) / € 25,60 (A)

Rob Symington, Dom Jackman, Mikey Howe
Das Escape-Manifest
ISBN 978-3-86936-554-1
€ 24,90 (D) / € 25,60 (A)

Peter Brandl
Hudson River
ISBN 978-3-86936-509-1
€ 24,90 (D) / € 25,60 (A)

Jumi Vogler
Was der Humor für Sie tun kann, wenn in Ihrem Leben mal wieder alles schiefgeht
ISBN 978-3-86936-548-0
€ 14,90 (D) / € 15,40 (A)

Alle Titel auch als E-Book erhältlich
Weitere Informationen finden Sie unter www.gabal-verlag.de